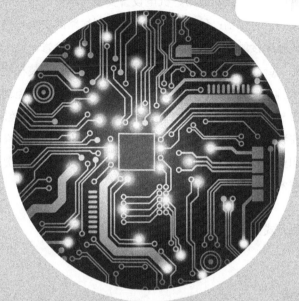

设备电气控制
技术基础及应用

主　编：伦洪山　黄昌泽　甘晓霞

副主编：蒋　山　周诚计　王晓明　陈绳浩　刘源劲

编　者：张高胜　潘　昌　黄善美　黄龙停　丁　宏

　　　　杜　静　许定华　陈永腾　覃承昂

电子工业出版社

Publishing House of Electronics Industry

北京·BEIJING

内 容 简 介

本书是为中等职业学校机电技术应用、机电设备安装与维修等相关专业培养技能型人才而编写的一体化教材。主要内容包括：砂轮机手动正转控制线路的安装与检修，车床点动正转控制线路的安装与检修，钻床接触器自锁正转控制线路的安装与检修，铣床接触器联锁正、反转控制线路的安装与检修，卧式镗床双重联锁正、反转控制线路的安装与检修，磨床位置控制线路的安装与检修，磨床自动往返控制线路的安装与检修，运输机顺序控制线路的安装与检修，大功率交流电动机星形—三角形降压启动控制线路，卧式镗床反接制动控制线路的安装与检修，能耗制动控制线路的安装与检修，多速异步电动机控制线路的安装与检修。

本书可作为中等职业学校机电技术应用、机电设备安装与维修等相关专业的教材，也可供从事机电行业的工程技术人员参考。

图书在版编目（CIP）数据

设备电气控制技术基础及应用 / 伦洪山，黄昌泽，甘晓霞主编. —北京：电子工业出版社，2022.1

ISBN 978-7-121-42721-3

Ⅰ. ①设… Ⅱ. ①伦… ②黄… ③甘… Ⅲ. ①机械设备－电气控制－中等专业学校－教材 Ⅳ. ①TM921.5

中国版本图书馆 CIP 数据核字（2022）第 014865 号

责任编辑：蒲　玥　　　特约编辑：田学清
印　　刷：涿州市般润文化传播有限公司
装　　订：涿州市般润文化传播有限公司
出版发行：电子工业出版社
　　　　　北京市海淀区万寿路 173 信箱　　　邮编　　100036
开　　本：787×1 092　　1/16　　印张：7.5　　字数：187.3 千字
版　　次：2022 年 1 月第 1 版
印　　次：2024 年 1 月第 3 次印刷
定　　价：36.80 元（含工作页）

凡所购买电子工业出版社图书有缺损问题，请向购买书店调换。若书店售缺，请与本社发行部联系，联系及邮购电话：（010）88254888，88258888。

质量投诉请发邮件至 zlts@phei.com.cn，盗版侵权举报请发邮件至 dbqq@phei.com.cn。

本书咨询联系方式：（010）88254485，puyue@phei.com.cn。

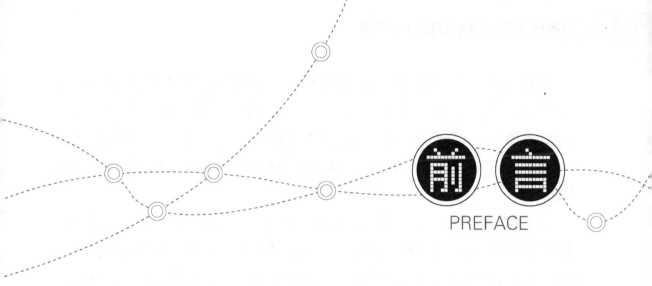

PREFACE

随着我国职业教育改革的深入，电气控制技术基础与技能课程的教学内容和教学模式也发生了相应的变化。本书以国家最新颁布的电工职业资格证和低压电工特种作业操作证技能人员考核标准为依据，由多年从事"电气控制技术基础与技能"课程教学的教师编写而成，以提高学生的综合能力为目标。

本书的编写内容力求体现"以职业能力为核心，以职业活动为导向"，科学设计任务，采用任务驱动教学的模式编排，实施任务引领，合理分配专业知识，注重职业能力培养，兼顾职业素养形成。本书的编写突出了以下特点：

（1）以工作任务为驱动。本书以具体的工作任务为载体，按照任务驱动的教学模式来编写，通过"做中学，学中做"边学边做来实施任务，实现理论知识和技能训练的统一。

（2）内容创新。本书在注重反映中职学校电动机基本控制电路的安装调试、常用生产机械电气控制电路的检修的基础上，又增加了变频器应用等现代电气控制技术的内容。

（3）形式创新。编写风格上突出学生的"学"，把实训内容抽出来开发成配套工作页单独册，方便学生学习和教师批改。

（4）图文并茂，通俗易懂。本书以图标为主，文字叙述力求深入浅出、表达准确，有利于学生学习。

（5）为方便开展一体化教学，本书还配有电子教案、电子课件和视频资源。

本书可作为中等职业学校机电技术应用、机电设备安装与维修等相关加工制造类专业的教材，也可供从事机电行业的工程技术人员参考。编写时力求用简洁精准的语言，全面阐释电气控制技术的知识，结合技能比赛、"1+X"证书制度教学改革等，体现了职业教育创新改革系列教材理论性、实践性、综合性的特征。

本书由伦洪山、黄昌泽、甘晓霞担任主编，蒋山、周诚计、王晓明、陈绳浩、刘源劲担任副主编，张高胜、潘昌、黄善美、黄龙停、丁宏、杜静、许定华、陈永腾、覃承昂参与了部分任务的编写、校对和整理工作。另外，在编写过程中，我们参考了大量有关电气控制技术的文献资料，在此向这些资料的作者表示诚挚的谢意。

由于编者水平有限，加上编写时间仓促，书中难免存在不足和疏漏之处，敬请各位读者提出意见和建议，以便进一步完善本书。

编者

2021 年 9 月

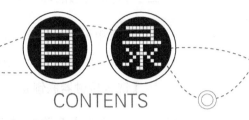

目录
CONTENTS

任务一

砂轮机手动正转控制电路的安装与检修

📖 学习目标

1. 能对电压熔断器和低压开关进行识别与检测；
2. 能独立分析手动正转控制电路工作原理；
3. 能正确安装、调试手动正转控制电路；
4. 能根据手动正转控制电路检修流程独立检修相关故障。

💡 建议学时

6 学时：理论 **3** 学时，实训 **3** 学时

✍ 学习任务

本次工作任务是为企业装配一台三相砂轮机的电气控制电路，使三相砂轮机实现以下功能：使用砂轮机时，扳动组合开关手柄，砂轮机开始转动，即进行磨刀；使用完毕，扳动组合开关手柄，砂轮机停止转动，即停止磨刀。按照电气

原理图安装并调试。三相砂轮机的控制电路图如图 1-1 所示。

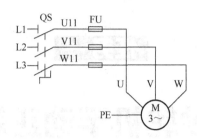

图 1-1　三相砂轮机的控制电路图

🔬 知识准备

一、相关低压电器

低压电器是用于额定电压为交流 1200V 以下和直流 1500V 以下，由供电系统和用电设备等组成，在电路中起通断、保护、控制、调节、转换作用的电器。

（一）低压开关

低压开关一般为手动切换电器，主要作为隔离、转换、接通和分断电路使用。常用的低压开关有负荷开关、组合开关和低压断路器等。

1. 负荷开关

瓷底胶盖刀开关又称开启式负荷开关，按刀数分为单极、双极和三极三类，其外形及用途如表 1-1 所示，结构图及电气符号如表 1-2 所示。

表 1-1 瓷底胶盖刀开关外形及用途

名 称	外 形	用 途
二极瓷底胶盖刀开关		二极瓷底胶盖刀开关适用于交流 50Hz、额定电压单相 220V 及以下、额定电流最高至 100A 的电路,可作为电路的总开关、支路开关,以及电灯、电热器等的操作开关,用作手动不频繁地接通和分断有负载电器及小容量线路的短路保护
三极瓷底胶盖刀开关		三极瓷底胶盖刀开关适用于交流 50Hz、额定电压三相 380V 及以下、额定电流最高至 100A 的电路,可作为电路的总开关、支路开关,以及电灯、电热器等的操作开关,用作手动不频繁地接通和分断有负载电器及小容量线路的短路保护

表 1-2 瓷底胶盖刀开关结构图及电气符号

结 构 图	电 气 符 号
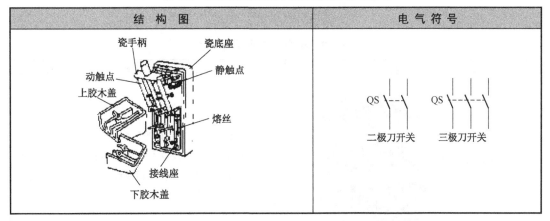	QS 二极刀开关　　QS 三极刀开关

负荷开关型号含义如图 1-2 所示。例如,型号 HK2—30/3 为额定电压 380V、额定电流 30A、三极开启式负荷开关。

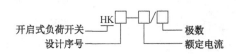

图 1-2 负荷开关型号含义

负荷开关的选择原则：

（1）负荷开关的额定电压应不小于电路实际工作的最高电压。

（2）负荷开关作电源的隔离开关时，其额定电流等于或略大于负载的额定电流。

（3）负荷开关用于控制电动机启、停操作时，电动机的容量一般限定在7.5kW 以下，负荷开关的额定电流应大于电动机额定电流的 3 倍。

2. 组合开关

组合开关又称转换开关，主要由静触点、动触点和绝缘手柄组成，静触点的一端固定在绝缘底板上，另一端伸出盒外，连在接线柱上，动触点套在装有手柄的绝缘轴上，转动手柄就可以带动动、静触点接通或断开。

有一种组合开关，它不但能接通和断开电源，而且还能改变电源输入的相序，用来直接实现对小容量电动机的正反转控制，这种组合开关称为倒顺开关或可逆转换开关。它们的外形及用途如表 1-3 所示，结构图及电气符号如表 1-4 所示。

表 1-3　组合开关外形及用途

名　称	外　形	用　途
组合开关		该组合开关主要适用于交流 50Hz、电压 380V 及以下、直流电压 220V 及以下的电路，可用于手动不频繁地接通或分断电路、换接电源或负载、测量电路，也可控制小容量电动机
倒顺开关		该系列倒顺开关主要适用于交流 50Hz、额定工作电压最高至 380V、额定工作电流最高至 20A 的电动机电路，可用于直接通断单台鼠笼式感应电动机，使其正转、反转和停止

表 1-4　组合开关结构图及电气符号

结　构　图		电 气 符 号
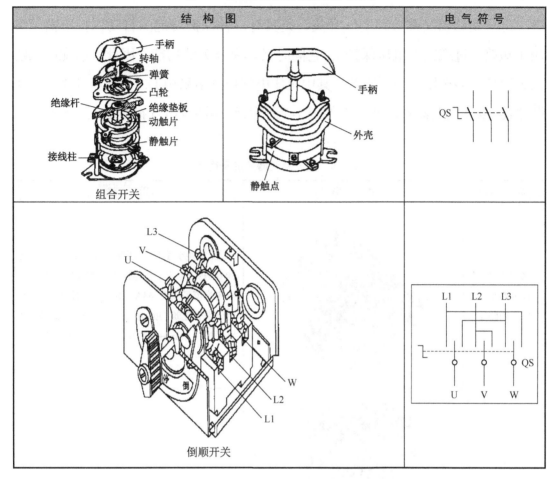		

组合开关的型号含义如图 1-3 所示。

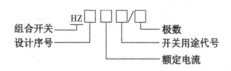

图 1-3　组合开关的型号含义

组合开关应根据电源种类、电压等级、所需触点数、接线方式和负载容量进行选择。用于控制小功率异步电动机的运行时，组合开关的额定电流一般取电动机额定电流的 1.5～2.5 倍。

3. 低压断路器

低压断路器又称自动空气开关，是具有多种保护功能的自动保护电器（可用于短路、过载或失电压保护），它同时又具有开关的功能。因此，输配电系统的重要环节多选用低压断路器，其中机床电气控制多采用 DZ 型塑料外壳式低压断路器。低压断路器外形及用途如表 1-5 所示，结构图及电气符号如表 1-6 所示。

表 1-5 低压断路器外形及用途

名　称	外　形	用　途
DZ47-63 系列 高分断小型 低压断路器		该系列小型低压断路器主要适用于交流 50/60Hz、额定工作电压为 240/415V 及以下、额定电流最高至 63A 的电路，该断路器主要用于现代建筑物的电气线路及设备的过载、短路保护，也适用于线路的不频繁操作及隔离
DZ20 系列 塑料外壳式 低压断路器		
DZ5 系列 塑料外壳式 低压断路器		该系列低压断路器适用于额定电压交流最高至 380V（50Hz）、直流最高至 400V 的电路，可用于配电、保护电动机或保护照明线路，并可在正常条件下用于线路的不频繁转换

表 1-6 低压断路器结构图及电气符号

结 构 图	电 气 符 号
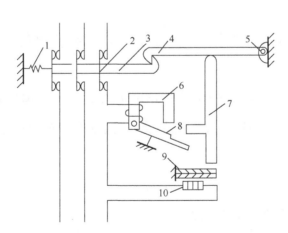 DZ5 系列结构图	QF

低压断路器的工作原理。图 1-4 所示为具有短路和过载保护功能的低压断路器工作原理图。电路在正常工作时，主触点 2 闭合，低压断路器处于合闸状态；当主电路发生故障时，会引起锁链 3 和钩子 4 脱扣，在弹簧 1 的作用下切断主电路（又称自动跳闸），起到保护作用。

1—弹簧；2—主触点；3—锁链；4—钩子；5—轴；6—电磁脱扣器；
7—杠杆；8—衔铁；9—热脱扣器双金属片；10—热脱扣器热元件。

图 1-4 具有短路和过载保护功能的低压断路器工作原理图

电磁脱扣动作过程：当主电路发生短路故障时，流过电磁脱扣器 6 中线圈的电流非常大，电磁脱扣器 6 产生足够的电磁吸力，把衔铁 8 吸合，衔铁撞击杠杆 7，顶开钩子 4，在弹簧 1 作用下主触点分断，切断电源。

热脱扣动作过程：当主电路发生过载故障时，流过热脱扣器热元件 10 的电流大于预定值，热脱扣器双金属片 9 受热弯曲增大，撞击杠杆 7，顶开钩子 4，在弹簧 1 作用下主触点分断，切断电源。

低压断路器的型号含义如图 1-5 所示。例如，DZ20-100/330，I=63A，为 DZ20 装置式低压断路器，断路器主触点额定电流为 100A，脱扣器额定电流为 63A，三极，复式脱扣器。

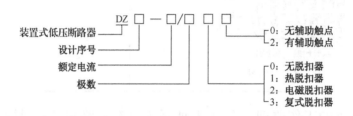

图 1-5　低压断路器的型号含义

低压断路器的选择原则：

（1）低压断路器的额定电压和额定电流应不小于电路的正常工作电压和工作电流。

（2）热脱扣器的整定电流应与所控制的电动机的额定电流或负载额定电流一致。

（3）电磁脱扣器的瞬时脱扣器整定电流应大于负载电路正常工作时的尖峰电流。对电动机来说，DZ 型低压断路器电磁脱扣器的瞬时脱扣器整定电流值 I_z 可按下式计算

$$I_z \geqslant K I_{st}$$

式中　K——安全系数，可取 1.7。

　　　I_{st}——电动机的启动电流。

（二）熔断器

熔断器是一种简单而有效的自动保护电器，它串联在电路中起短路和过载保护作用。熔断路由熔体和外壳两个主要部分组成，熔体俗称保险丝，由电阻

率较高、熔点较低的合金制成，如铅锡合金等。熔断器外形及用途如表 1-7 所示，结构图及电气符号如表 1-8 所示。

表 1-7　熔断器外形及用途

名　称	外　形	用　途
RC1A 系列 瓷插式熔断器		该系列熔断器结构简单、价格便宜、更换熔体方便，因此广泛应用于 380V 及以下的配电线路末端，用作电力、照明负荷的短路保护
RL1 系列 螺旋式熔断器		该系列熔断器具有分断能力较强、结构紧凑、体积小、安装面积小、更换熔体方便、熔体熔断有明显指示等优点，因此广泛应用于机床控制线路、配电屏及振动较大的场所，用作短路保护器件

表 1-8　熔断器结构图及电气符号

结　构　图	电气符号
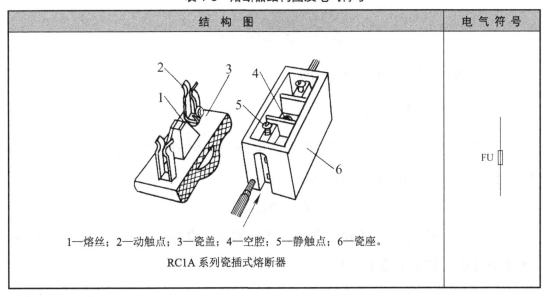 1—熔丝；2—动触点；3—瓷盖；4—空腔；5—静触点；6—瓷座。 RC1A 系列瓷插式熔断器	FU

续表

结 构 图	电气符号
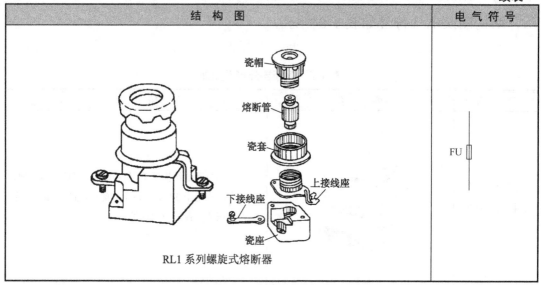 RL1 系列螺旋式熔断器	FU

熔断器的型号含义如图 1-6 所示。例如，型号 RL1—60/30 是额定电压为 380V、熔断器额定电流为 60A、熔体额定电流为 30A、螺旋式熔断器。

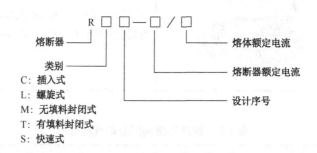

图 1-6 熔断器的型号含义

熔断器的选择包含下面两个方面。

1. 熔体额定电流的选择

（1）对于无电流冲击的电路，如照明电路，熔体的额定电流 I_{FN} 应等于或稍大于电路正常工作时的最大电流 I_{max}，即

$$I_{FN} \geqslant I_{max}$$

（2）对于一台电动机的短路保护，熔体的额定电流 I_{FN} 应大于或等于 1.5～2.5 倍电动机的额定电流 I_N，即

$$I_{FN} \geqslant (1.5 \sim 2.5) I_N$$

（3）对于几台电动机同时保护，熔体的额定电流 I_{FN} 应大于或等于其中最大容量的电动机的额定电流 I_{Nmax} 的 1.5 ～ 2.5 倍加上其余电动机额定电流的总和 ΣI_N，即

$$I_{FN} \geqslant (1.5 \sim 2.5) I_{Nmax} + \Sigma I_N$$

在电动机功率较大而实际负载较小时，熔体的额定电流可适当选小些，小到以启动时熔体不断为准。

2. 熔断器的选择

（1）熔断器的额定电压必须大于或等于线路的工作电压。

（2）熔断器的额定电流必须大于或等于所装熔体的额定电流。

二、手动正转控制电路工作原理

（一）识读电气控制电路图的方法

电气控制原理图是根据生产机械运动形式对电气控制系统的要求，采用国家统一规定的电气图形符号和文字符号，按照安装电气设备和电器的工作顺序，详细表示电路、设备或成套装置的全部基本组成和连接关系，而不考虑其实际位置的一种简图。电气控制原理图能充分表达电气设备和电器的用途、作用及工作原理，是电气电路安装、调试和维修的理论依据。

原理图一般包括电源电路、主电路、控制电路、信号电路及照明电路。

电源电路是指三相交流电源 L1、L2、L3 按相序由上而下依次按水平方向排列，中线 N 和保护底线 PE 依次分列在相线之下。直流电源的"+"端在上、"-"端在下画出。

主电路是指受电的动力装置及控制、保护电器，由主熔断器、接触器的主触点、热继电器的热元件及电动机等组成。它通过的电流是电动机的工作电流，电流较大。主电路要垂直电源电路画在原理图的左侧。

控制电路是指控制主电路工作状态的电路；信号电路是显示主电路工作状态的电路；照明电路是指提供机床设备局部照明的电路，由主令电器的触点、接触器线圈及辅助触点、继电器线圈及触点、指示灯和照明灯等组成。控制电路、信号电路和照明电路要跨接在两相电源线之间，依次垂直分列在主电路的右侧，并且电路中的耗能元件（如接触器和继电器的线圈、信号灯、照明灯等）一般在电路图的下方，而电器的触点一般在耗能元件的上方。这些电路统称辅助电路，它们通过的电流都较小。

在原理图中，各电器的触点位置都按电路未通电或未受外力作用时的常态位置画出，各电气元件一般不画出实际的外形图，而采用国家规定的统一电气图形符号表示，同一电器的各元件不按它们的实际位置画在一起，而是按其在电路中所起的作用分画在不同电路中，但它们的动作却是相关联的，都标注相同的文字符号。

（二）砂轮机控制电路工作原理

由图 1-1 可见，砂轮机的控制电路是由三相电源 L1、L2、L3，组合开关 QS，熔断器 FU 和三相交流异步电动机 M 构成的。组合开关控制交流电动机的启动和停止，电动机带动砂轮机运行，熔断器作为短路保护。

工作原理如下。

启动：合上组合开关 QS → 电动机 M 接通电源启动运行。

停止：断开组合开关 QS → 电动机 M 脱离电源停止运行。

计划与实施

三相砂轮机的控制
电路接线

一、识读砂轮机手动正转控制电路

要完成砂轮机手动正转控制电路的安装与调试，必须正确识读砂轮机手动正转控制电路，理解砂轮机手动正转控制电路工作原理。

二、准备元器件和耗材

根据电动机的规格选择工具、仪表和器材，并进行质量检验。

三、安装元器件

在控制板上合理设计元器件布局图，安装电气元件。元件安装应牢固、整齐、匀称、间距合理。

四、布线

按照电气控制原理图或接线图布线，要求横平竖直、分布均匀。导线与接线端子连线时不能压绝缘层、不能反圈且不能露铜过长。

五、安装电动机

控制电路板必须安装在能看见电动机的地方，确保操作安全。安装电动机并完成电源、电动机和按钮的保护接地线。

六、检查安装质量

安装完毕的控制电路板，必须经过认真检查后，才能通电试车。检查步骤：一是按电气原理图从电源端开始，逐段核对接线及线号，重点检查电路有无漏接、错接，以及同一导线两端线号是否一致；二是检查接线端子上所有接线压接是否牢固，接触是否良好，不允许有松动、脱落现象；三是在不通电情况下，用手动来模拟电器的操作动作，用万用表测量线路的通断情况；四是选用500V的兆欧表检查电动机的绝缘电阻，要求不小于0.5MΩ。

七、通电试车

试车前要做好准备工作，一般要清点工具及材料，检查熔断器的熔体是否符合要求，分断各开关，使按钮处于未通电状态，检查三相电源电压是否正常，然后接上电动机通电试车，实现手动正转控制功能。

任务二

车床点动正转控制电路的安装与检修

📖 **学习目标**

1. 能对按钮和交流接触器进行识别与检测；

2. 能独立分析点动正转控制电路工作原理；

3. 能正确安装、调试点动正转控制电路；

4. 能根据点动正转控制电路检修流程独立检修相关故障。

💡 **建议学时**

6 学时：理论 **3** 学时，实训 **3** 学时

✏️ **学习任务**

　　本次工作任务是为企业改装一台车床上溜板箱快速移动的控制电路，使车床溜板箱快速移动电动机实现以下功能：M 是快速移动电动机，由接触器 KM 控制，只要求单方向旋转，快速移动电动机前、后、左、右方向的移动由进给操

作手柄配合机械装置来实现。按下启动按钮 SB，接触器 KM 吸合而点动，使快速移动电动机 M 旋转。放开按钮 SB，接触器 KM 断开，使快速移动电动机 M 停止转动，即停止切削。按照电气原理图安装并调试。车床溜板箱快速移动控制电路图如图 2-1 所示。

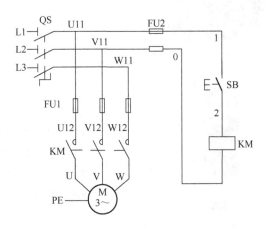

图 2-1　车床溜板箱快速移动控制电路图

知识准备

一、相关低压电器

低压电器是用于额定电压为交流 1200V 以下和直流 1500V 以下，由供电系统和用电设备等组成，在电路中起通断、保护、控制、调节、转换作用的电器。

（一）按钮

按钮通常用作短时接通或断开小电流（不超过 5A）控制电路的电器开关，是一种手动的主令电器。在电力拖动中控制电路发出启动或停止等指令，按钮通过控制接触器、继电器等控制电器接通或断开主电路。按钮外形及用途如表 2-1 所示，结构图及电气符号如表 2-2 所示。

表 2-1　按钮外形及用途

名　称	外　形	用　途
LA18 系列		
LA10 系列		按钮开关又称控制按钮（简称按钮），是一种手动且一般可以自动复位的低压电器。通常电路发出启动或停止指令，按钮控制电磁启动器、接触器、继电器等电器线圈电流的接通和断开来实现主电路的接通或断开
LAY5 系列		

表 2-2　按钮结构图及电气符号

结　构　图	电　气　符　号
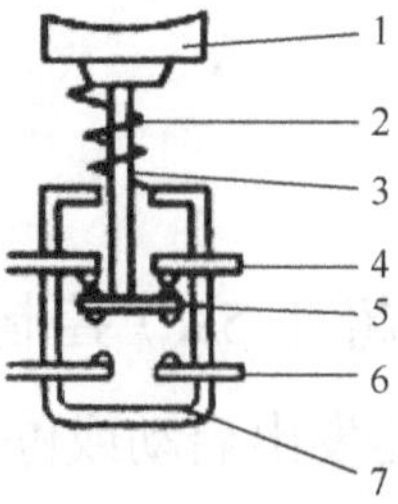 　1—按钮；2—复位弹簧；3—支柱连杆；4—常闭静触点；5—桥式动触点；6—常开静触点；7—外壳。	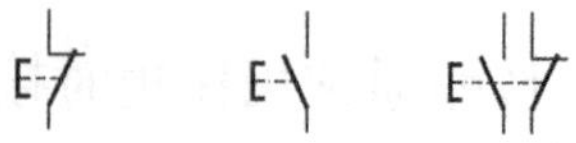 　常闭按钮　　常开按钮　　复合按钮

按钮的型号含义如图 2-2 所示。

图 2-2　按钮型号含义

按钮的选择原则：

（1）根据用途选择按钮的种类，如紧急式、钥匙式、指示灯式等。

（2）根据使用环境选择按钮开关的种类，如开启式、防水式、防腐式等。

（3）按工作状态和工作情况的要求，选择按钮开关的颜色，如急停按钮应选用红色。

（4）按控制回路的需要，确定不同的按钮数，如单钮、双钮、三钮、多钮等。

（二）交流接触器

交流接触器主要用于频繁接通或分断交、直流电路，控制容量大，可远距离操作，配合继电器可以实现定时操作，联锁控制，各种定量控制和失压及欠压保护。其广泛应用于电力拖动自动控制电路，主要控制对象是电动机，也可控制其他电力负载，如电热器、照明、电焊机、电容器组等。目前多采用 CJT1、CJX1、CJX8 等系列交流接触器。交流接触器外形及用途如表 2-3 所示，结构图及电气符号如表 2-4 所示。

表 2-3　交流接触器外形及用途

名　称	外　形	用　途
CJT1 系列		CJT1 系列交流接触器主要用于交流 50Hz(或 60Hz)、额定工作电压最高至 380V 的电路，主要用来接通和分断电路

续表

名　称	外　形	用　途
CJX1 系列		CJX1 系列交流接触器主要用于交流 50Hz 或 60Hz、额定工作电压为 380V、额定工作电流为 9～400A 的电路，主要用于远距离接通及分断电路，适用于控制交流电动机的启动、停止及反转
CJX8 系列		CJX8 系列适用于交流 50Hz 或 60Hz、电压最高至 660V、额定绝缘电压最高至 690V、电流为 370A 以下的电路，用于远距离接通与分断电路及频繁启动、控制交流电动机；接触器还可以与适当的热继电器或电子式保护装置组成电动机启动器，以保护可能发生过载的电路

表 2-4　交流接触器结构图及电气符号

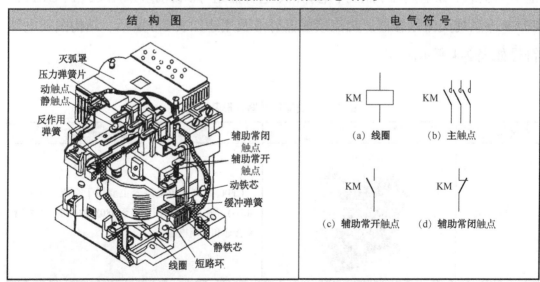

结　构　图	电　气　符　号

交流接触器的工作原理。当接触器的线圈通电后，线圈中流过的电流产生磁场，使静铁心磁化产生足够大的电磁吸力，克服反作用弹簧的反作用力将衔铁吸合，衔铁通过传动机构带动辅助常闭触点先断开，之后三对主触点和辅助常开触点闭合。当接触器线圈断电或电压显著下降时，由于铁心的电磁吸力消失或过小，衔铁在反作用弹簧力的作用下复位，并带动各触点恢复原始状态。

交流接触器的型号含义如图 2-3 所示。例如，CJT1-10，C 表示接触器，J 表示交，T 表示新型铜基银触点，1 表示设计序号，10 表示主触点额定工作电流为 10A。

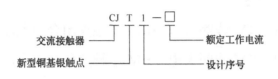

图 2-3　交流接触器的型号含义

交流接触器的选择原则：

（1）额定电压。接触器的额定电压是指主触点的额定电压。选用时必须使它与被控制的负载回路额定电压相对应，交流接触器额定电压一般为 127V、220V、380V 和 500V 等级。

（2）额定电流。接触器的额定电流指主触点的额定电流，应等于或稍大于负载的额定电流，一般有 20A、40A、60A、100A、400A、600A 等等级。

注：交流和直流接触器的电压和电流等级稍有不同，使用时可以查相关数据。

（3）电磁线圈的额定电压。交流吸引线圈的额定电压一般有 36V、127V、220V 和 380V 四种。

（4）额定操作频率。交流吸引线圈在接电瞬间有很大的启动电流，如果接通次数过多，就会引起线圈过热，限制了每小时的接通次数。一般交流接触器的额定操作频率最高为 600 次/h，直流接触器为 1200 次/h，如果操作频率超过规定值，额定电流应该加大一倍。

（5）选择接触器的触点数量和种类。接触器的触点数量和种类应满足控制电路的要求。

二、车床点动正转控制电路工作原理

车床溜板箱快速移动控制电路实际就是车床点动正转控制电路,由图 2-1 可见，车床点动正转控制电路是由三相电源 L1、L2、L3，组合开关 QS，熔断器 FU1、FU2，一个接触器 KM，启动按钮 SB 和三相交流异步电动机 M 构成的。电路中的 SB 和 KM 线圈组成点动电路，电动机带动溜板箱快速移动运行，熔断器作为短路保护。

工作原理如下。

先合上电源开关 QS。

启动：按下 SB→KM 线圈得电→KM 主触点闭合→电动机 M 启动运转。

停止：松开 SB→KM 线圈失电→KM 主触点分断→电动机 M 断电停转。

停止使用时，断开电源开关 QS。

车床点动正转控制
电路接线

🚌 计划与实施

一、识读车床点动正转控制电路

要完成车床点动正转控制电路的安装与调试，必须正确识读车床点动正转控制电路，理解车床点动正转控制电路工作原理。

二、准备元器件和耗材

根据电动机的规格选择工具、仪表和器材，并进行质量检验。

三、安装元器件

在控制板上合理设计元器件布局图，安装电气元件。元件安装应牢固、整齐、匀称、间距合理。

四、布线

按照电气控制原理图或接线图布线，要求横平竖直、分布均匀。导线与接线端子连线时不能压绝缘层、不能反圈且不能露铜过长。

五、安装电动机

控制电路板必须安装在能看见电动机的地方，确保操作安全。安装电动机并完成电源、电动机和按钮的保护接地线。

六、检查安装质量

安装完毕的控制电路板，必须经过认真检查后，才能通电试车。检查步骤：一是按电气原理图从电源端开始，逐段核对接线及线号，重点检查电路有无漏接、错接，以及同一导线两端线号是否一致；二是检查接线端子上所有接线压接是否牢固，接触是否良好，不允许有松动、脱落现象；三是在不通电情况下，用手动来模拟电器的操作动作，用万用表测量线路的通断情况；四是选用500V的兆欧表检查电动机的绝缘电阻，要求不小于0.5MΩ。

七、通电试车

试车前要做好准备工作，一般要清点工具及材料，检查熔断器的熔体是否符合要求，分断各开关，使按钮处于未通电状态，检查三相电源电压是否正常，然后接上电动机通电试车，实现车床点动正转控制功能。

【车床点动正转控制电路常见故障及处理方法】

例一：以图2-4为例，假设1号线是断线。

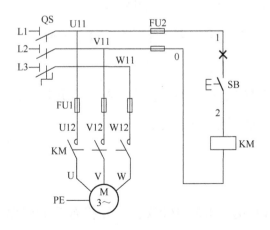

图2-4 例一图

先通电试验观察故障现象：按启停按钮 SB，KM 不动作。

记录故障现象：KM 不动作，电机不转。

判断故障部位：KM 线圈通电的电路。从 FU2 开始→1 号线→启停按钮 SB→2 号线→KM 线圈→0 号线→回 FU2。

故障点检查。

① 电阻法。

断电情况下，用万用表电阻 100Ω 挡，先检查控制电路。如图 2-4 所示，红表笔置于 U11，黑表笔置于 FU2 的 1 处，如果电阻很大或无穷大，表明熔断器断开，检查熔丝是否断开。若电阻为零，表明熔断器是导通好的。将黑表笔移到 SB 的 1 处，如果电阻很大或无穷大，表明 1 号导线断开；若电阻为零，表明 1 号导线是好的。现在电阻应该是无穷大，表明 1 号导线断开。

② 电压法。

通电情况下，用万用表电压 500V 挡，先检查控制电路。如图 2-4 所示，保持黑表笔在 0 端、移动红表笔到 FU2 的 1 处，如果电压为零或很低，表明 FU2 断开，应检查熔丝或接触是否良好；如果电压为 380 V，则表明 FU2 正常。移动红表笔到 SB 的 1 处，如果电压为零或很低，表明 1 号线断线；如果电压为 380V，则表明 1 号线正常。现在电压应该是零，表明 1 号导线断开。

记录故障点：1 号导线断开（或 FU2 的 1 端与 SB 的 1 端之间断线）。

故障恢复后通电检查，电路运行正常。

例二：以图 2-5 为例，假设 KM 线圈断开。

先通电试验观察故障现象：按启停按钮 SB，KM 不动作。

记录故障现象：KM 不动作，电机不转。

判断故障部位：KM 线圈通电的电路。从 FU2 开始→1 号线→启停按钮 SB→2 号线 → KM 线圈→0 号线→回 FU2。

故障点检查。

① 电阻法。

断电情况下，用万用表电阻 100Ω 挡，先检查控制电路。如图 2-5 所示，红表笔置于 U11，黑表笔置于 FU2 的 1 处，电阻为零，表明熔断器是导通好的；

将黑表笔移到 SB 的 1 处，电阻为零，表明 1 号导线是好的；将黑表笔移到 SB 的 2 处，按下 SB，电阻值为零，表明 SB 常开触点是好的；将黑表笔移到 KM 线圈的 2 处，按下 SB，电阻为零，表明 2 号导线是好的；将黑表笔移到 KM 线圈的 0 处，按下 SB，如果电阻为无穷大，表明 KM 线圈断开、损坏；如果有线圈电阻，表明 KM 线圈是好的。现在电阻应该是无穷大，表明 KM 线圈断开损坏。

② 电压法。

通电情况下，用万用表电压 500V 挡，先检查控制电路。如图 2-5 所示，保持黑表笔在 V11 端，移动红表笔到 FU2 的 1 处，电压应为 380V，表明 FU2 正常；移动红表笔到 SB 的 1 处，电压为 380V，则表明 1 号线正常；移动红表笔到 SB 的 2 处，按下 SB，电压为 380V，则表明 SB 常开触点正常；移动红表笔到 KM 线圈的 2 处，按下 SB，电压为 380 V，则表明 2 号导线正常。保持红表笔不动，移动黑表笔到 KM 线圈的 0 处，按下 SB，如果电压为零或很低，表明 0 号导线断开；如果电压为 380V，则表明 0 号导线正常，KM 没有动作，表明 KM 线圈断开。现在 KM 线圈上的电压应该是 380V，KM 没有动作，表明 KM 线圈断开损坏。

记录故障点：KM 线圈断开损坏。

故障恢复后通电检查，电路运行正常。

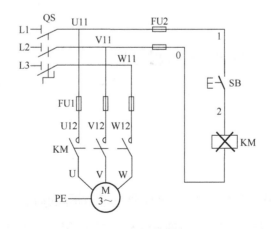

图 2-5 例二图

任务三

钻床接触器自锁正转控制电路的安装与检修

💡 **建议学时**

6 学时：理论 **3** 学时，实训 **3** 学时

✏ **学习任务**

本次工作任务是为企业改装一台钻床上主轴电动机的控制电路，使钻床主轴电动机实现以下功能：M 是主轴电动机，由接触器 KM 控制，只要求单方向旋转，主轴的正反转由机械系统来完成。按下启动按钮 SB1，接触器辅助触点

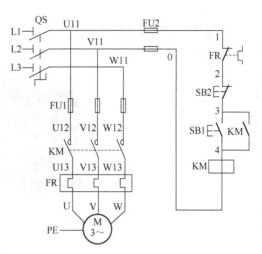

图 3-1 钻床主轴电动机控制电路图

KM 吸合并自锁，使主轴电动机 M 旋转。按下停动按钮 SB2，接触器辅助触点 KM 断开自锁，使主轴电动机 M 停止转动，即停止加工。按照电气原理图安装并调试。钻床主轴电动机控制电路图如图 3-1 所示。

🔬 知识准备

一、热继电器

热继电器与接触器配合使用，主要用来对异步电动机进行过载保护，热继电器是一种利用电流热效应原理工作的自动保护电器，具有延时动作时间随通过电路的电流增加而缩短的反时限动作特征。热继电器的种类很多，其中双金属片式应用最多，机床电气控制多采用 JR36 系列热继电器。热继电器外形及用途如表 3-1 所示，结构图及电气符号如表 3-2 所示。

表 3-1 热继电器外形及用途

名　称	外　形	用　途
JR36 系列		JR36 系列热继电器适用于交流 50Hz、电压最高至 690V、电流最高至 160A 的电路，用作交流电动机的过载保护

续表

名　　称	外　　形	用　　途
JR20 系列		JR20 系列热继电器适用于交流 50Hz/60Hz、电压最高至 660V、电流为 0.1～630A 的电路，用作长期工作或间断长期工作的交流电动机的过载与断相保护。热继电器具有断相保护、温度补偿、动作指示、自动与手动复位、动作可靠的优点
T 系列		T 系列热继电器主要用于交流 50Hz 或 60Hz、电压最高至 660V、电流最高至 500A 的电力线路，一般用作三相感应电动机的过载与断相保护，常与 B 系列交流接触器配合组成电磁启动器，也可单独使用

表 3-2　热继电器结构图及电气符号

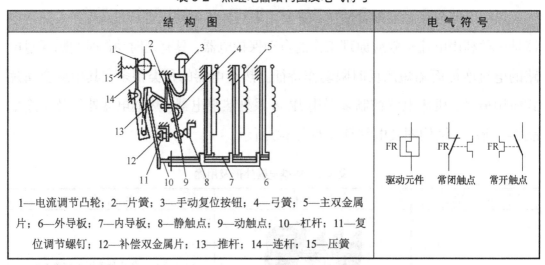

结　构　图	电 气 符 号
1—电流调节凸轮；2—片簧；3—手动复位按钮；4—弓簧；5—主双金属片；6—外导板；7—内导板；8—静触点；9—动触点；10—杠杆；11—复位调节螺钉；12—补偿双金属片；13—推杆；14—连杆；15—压簧	FR 驱动元件　　FR 常闭触点　　FR 常开触点

　　热继电器的工作原理。过载电流通过热元件，使双金属片加热弯曲去推动动作机构来带动触点动作，从而将电动机控制电路断开实现电动机断电停车，起到过载保护的作用。双金属片受热弯曲过程中，热量的传递需要较长的时间，

因此，热继电器不能用作短路保护，而只能用作过载保护。

热继电器的型号含义如图 3-2 所示。例如，JR36-20/3，JR 代表热继电器，36 是全国统一设计序号，代表机架外形尺寸，20 代表额定电流为 20A，共分 12 个规格，电流调节范围为 0.25~22A，该热继电器用作三相交流电动机的过载保护，带有断相保护装置，还能在三相电动机一相断线或三相严重不平衡的情况下起保护作用。

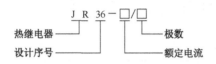

图 3-2　热继电器的型号含义

热继电器的选择原则：

（1）选用热继电器时应注意被保护电动机的型号、容量、工作场合、启动及负载情况，然后选择与被保护电动机额定电流值适应的热继电器，并调整电流调节装置，使热继电器的整定电流值与被保护电动机的额定电流值适应，一般应使热继电器的额定电流略大于电动机额定电流。

（2）根据需要的整定电流值选择热元件的电流等级。一般情况下，热元件的整定电流应为电动机额定电流的 0.95~1.05 倍。

（3）根据电动机定子绕组的连接方式选择热继电器的结构形式，即定子绕组作星形连接的电动机选用普通三相结构的热继电器，而作三角形连接的电动机应选用三相结构带断相保护装置的热继电器。

二、电动机基本控制电路故障检修的一般方法

1. 试验法

用试验方法观察故障现象，初步判定故障范围。

试验法是在不扩大故障范围、不损坏设备的前提下对线路进行通电试验，通过观察电气设备和电气元件的动作，判断它们是否正常、各个控制环节的动

作程序是否符合要求，从而找出故障发生部位或回路。

2. 电阻分段测量法

（1）断开电源。

（2）将万用表转换开关旋到电阻 R×10 或 R×100 挡位。

（3）万用表测量线圈电阻如图 3-3 所示。万用表黑表笔搭接到 0 号线上，红表笔搭接到 4 号线上。若阻值为"∞"，说明 KM 线圈断路；若有一定阻值（取决于线圈），说明 KM 线圈正常，进行下一步。

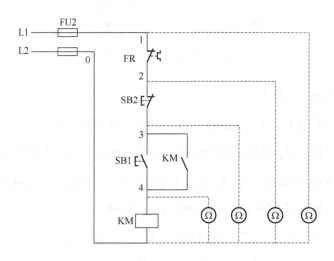

图 3-3　万用表测量线圈电阻

（4）万用表测量 0 号与 3 号线之间的电阻如图 3-4 所示。一人按住按钮 SB1 不放，另一人把万用表黑表笔搭接到 0 号线上，红表笔搭接到 3 号线上。若阻值为"∞"，说明 SB1 断路；若有一定阻值（取决于线圈），说明 SB1 正常，进行下一步。

（5）万用表测量 0 号与 2 号线之间的电阻如图 3-5 所示。一人按住按钮 SB1 不放，另一人把万用表黑表笔搭接到 0 号线上，红表笔搭接到 2 号线上。若阻值为"∞"，说明 SB2 断路；若有一定阻值（取决于线圈），说明 SB2 正常。问题有可能出现在热继电器 FR 的辅助常闭触点上。可以采用同样的方式测量 0 号与 1 号之间的电阻值，进行准确判断。

采用电阻分段测量法时，如果为了便利或者判断是触点问题还是线路问题，可以直接测量电气元件触点的电阻值。此时测量的电阻值应为"0Ω"，否则说明触点有问题；如果阻值为"∞"，说明是线路接触不良或断线。

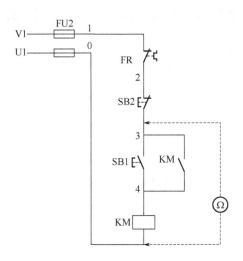

图 3-4 万用表测量 0 号与 3 号线之间的电阻

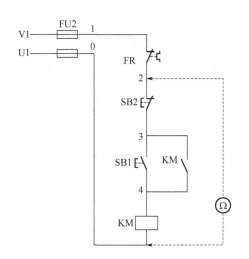

图 3-5 万用表测量 0 号与 2 号线之间的电阻

在实际维修中，控制电路的故障多种多样，就是同一故障现象，发生的故障部位也不一定一样，因此在检修故障时要灵活运用这几种方法，力求迅速、准确地找出故障点，查明原因，及时处理。

还应当注意积累经验、熟悉控制电路的原理，这对准确、迅速判别故障和处理故障都有很大帮助。

3. 电压分段测量法

以检修图 3-6 所示示例控制电路为例，检修时，应两人配合，一人测量，一人操作按钮，但是操作人必须听从测量人口令，不得擅自操作，以防发生触电事故。

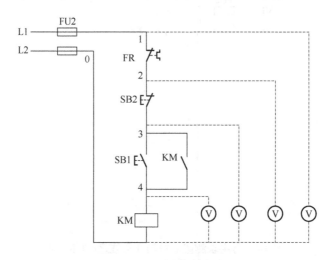

图 3-6　示例控制电路

（1）断开控制电路中的主电路，然后接通电源。

（2）按下 SB1，若接触器 KM 不吸合，说明控制电路有故障。

（3）将万用表转换开关旋到交流电压 500V 挡位。

（4）如图 3-7 所示，用万用表测量 0 号和 1 号线之间的电压。若没有电压或很低，检查熔断器 FU2；若有 380V 电压，说明控制电路的电源电压正常，进行下一步。

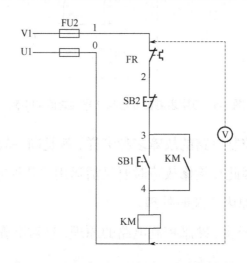

图 3-7　万用表测量 0 号与 1 号线之间的电压

（5）如图 3-8 所示，用万用表测量 0 号与 2 号线之间的电压。万用表黑表笔搭接到 0 号线上，红表笔搭接到 2 号线上。若没有电压，说明热继电器 FR 的常闭触点有问题；若有 380V 电压，说明 FR 的常闭触点正常，进行下一步。

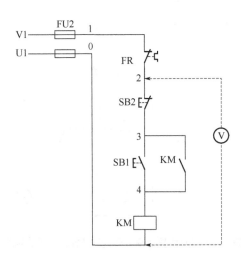

图 3-8 万用表测量 0 号与 2 号线之间的电压

（6）如图 3-9 所示，用万用表测量 0 号与 3 号线之间的电压。万用表黑表笔搭接到 0 号线上，红表笔搭接到 3 号线上。若没有电压，说明停止按钮 SB2 触点有问题；若有 380V 电压，说明 SB2 触点正常，进行下一步。

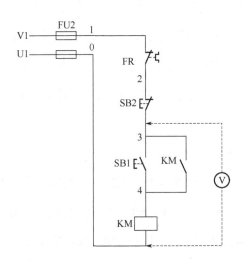

图 3-9 万用表测量 0 号与 3 号线之间的电压

（7）一人按住按钮 SB1 不放，另一人把万用表黑表笔搭接到 0 号线上，红表笔搭接到 4 号线上，如图 3-10 所示。若没有电压，说明启动按钮 SB1 有问题；若有 380V 电压，说明 KM 线圈断路。

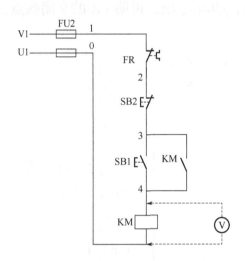

图 3-10　万用表测量 0 号与 4 号线之间的电压

三、钻床接触器自锁正转控制电路工作原理

钻床主轴电动机控制电路实际就是钻床接触器自锁正转控制电路，由图 3-1 可见，钻床接触器自锁正转控制电路是由三相电源 L1、L2、L3，组合开关 QS，熔断器 FU1、FU2，一个热继电器 FR，一个接触器 KM，启动按钮 SB1，停止按钮 SB2 和三相交流异步电动机 M 构成的。电路中的 SB1 和 KM 线圈辅助触点并联组成自锁电路，电动机带动主轴运行，熔断器作为短路保护。

工作原理如下。

先合上电源开关 QS。

启动：按下 SB1→KM 线圈得电→KM 主触点闭合→电动机 M 启动运转
　　　　→KM（3—4）辅助触点闭合，形成自锁。

停止：松开 SB2→KM 线圈失电→KM 主触点分断→电动机 M 断电停转
　　　　→KM（3—4）辅助触点分断，解除自锁。

停止使用时，断开电源开关 QS。

🚌 计划与实施

一、识读钻床接触器自锁正转控制电路

要完成钻床接触器自锁正转控制电路的安装与调试，必须正确识读钻床接触器自锁正转控制电路，理解钻床接触器自锁正转控制电路工作原理。

二、准备元器件和耗材

根据电动机的规格选择工具、仪表和器材，并进行质量检验。

三、安装元器件

在控制板上合理设计元器件布局图，安装电气元件。元件安装应牢固、整齐、匀称、间距合理。

四、布线

按照电气控制原理图或接线图布线，要求横平竖直、分布均匀。导线与接线端子连线时不能压绝缘层、不能反圈且不能露铜过长。

五、安装电动机

控制电路板必须安装在能看见电动机的地方，确保操作安全。安装电动机并完成电源、电动机和按钮的保护接地线。

六、检查安装质量

安装完毕的控制电路板，必须经过认真检查后，才能通电试车。检查步骤：一是按电气原理图从电源端开始，逐段核对接线及线号，重点检查电路有无漏接、错接，以及同一导线两端线号是否一致；二是检查接线端子上所有接线压接是否牢固，接触是否良好，不允许有松动、脱落现象；三是在不通电情况下，用手动来模拟电器的操作动作，用万用表测量线路的通断情况；四是选用 500V 的兆欧表检查电动机的绝缘电阻，要求不小于 0.5MΩ。

七、通电试车

试车前要做好准备工作，一般要清点工具及材料，检查熔断器的熔体是否符合要求，分断各开关，使按钮处于未通电状态，检查三相电源电压是否正常，然后接上电动机通电试车，实现钻床接触器自锁正转控制功能。

【钻床接触器自锁正转控制电路常见故障及处理方法】

例一： 以图 3-11 为例，假设起动按钮 SB1 常开触点断开。

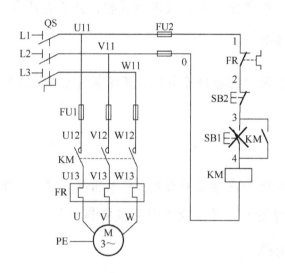

图 3-11　例一图

先通电试验观察故障现象：按启动按钮 SB1，KM 不动作。

记录故障现象：KM 不动作，电机不启动运行。

判断故障部位：KM 线圈通电的电路。

从 FU2 开始→1 号线→FR 常闭触点→2 号线→停止按钮 SB2→3 号线→启动按钮 SB1→4 号线→KM 线圈→0 号线→回 FU2。

故障点检查。

① 电阻法。

断电情况下，用万用表电阻 100Ω 挡，先检查控制电路。如图 3-11 所示，红表笔置于 U11，黑表笔置于 FU2 的 1 处。若电阻为零，表明熔断器是导通好的；将黑表笔移到 FR 常闭触点的 1 处，若电阻为零，表明 1 号导线是好的；将黑表笔移到 FR 常闭触点的 2 处，若电阻为零，表明 FR 常闭触点是好的；将黑表笔移到 SB2 常闭触点的 2 处，若电阻为零，表明 2 号导线是好的；将黑表笔移到 SB2 常闭触点的 3 处，若电阻为零，表明 SB2 常闭触点是好的；将黑表笔移到 SB1 常开触点的 3 处，若电阻为零，表明此 3 号导线是好的；将黑表笔移到 SB1 常开触点的 4 处，按下 SB1，若电阻为零，表明 SB1 常开触点是好的。现在电阻应该是无穷大，表明 SB1 常开触点闭合后仍然断开，SB1 常开触点损坏。

② 电压法。

通电情况下，用万用表电压 500V 挡，先检查控制电路。如图 3-11 所示，保持黑表笔在 FU2 的 0 端、移动红表笔到 FU2 的 1 处，电压为 380 V，表明 FU2 保险管正常；移动红表笔到 FR 常闭触点的 1 处，电压为 380V，表明 1 号线正常；移动红表笔到 FR 常闭触点的 2 处，电压为 380V，则表明 FR 常闭触点正常；移动红表笔到 SB2 常闭触点的 2 处，电压为 380V，表明 2 号线正常；移动红表笔到 SB2 常闭触点的 3 处，电压为 380V，表明 SB2 常闭触点正常；移动红表笔到 SB1 常开触点的 3 处，电压为 380 V，则表明此 3 号线正常；移动红表笔到 SB1 常开触点的 4 处，按下 SB1，电压为 380 V，则表明 SB1 常开触点正常。现在电压应该是零，表明 SB1 常开触点断开。

记录故障点：SB1 常开触点断开损坏。

故障恢复后通电检查，电路运行正常。

例二： 以图 3-12 为例，假设 KM 自锁触点断开损坏。

先通电试验，观察故障现象：按启动按钮 SB1，KM 动作；释放 SB1，KM 停止动作。

记录故障现象：KM 不能自锁，电机点动运行。

判断故障部位：KM 自锁电路。

从停止按钮 SB2 的 3 处→ 3 号线→KM 自锁触点→4 号线→启动按钮 SB1 的 4 处。

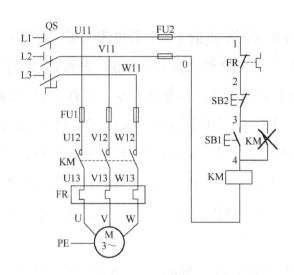

图 3-12 例二图

故障点检查。

① 电阻法。

断电情况下，用万用表电阻 100Ω 挡，直接检查自锁电路。如图 3-12 所示，红表笔置于停止按钮 SB2 的 3 处，黑表笔置于 KM 自锁触点的 3 处。若电阻为零，表明此 3 号线是导通好的；将黑表笔移到 KM 自锁触点的 4 处，按下 KM，电阻为无穷大，表明 KM 自锁触点损坏。

② 电压法。

通电情况下，用万用表电压 500V 挡，直接检查自锁电路。如图 3-12 所示，黑表笔置于在 0 处，移动红表笔到 KM 自锁触点的 3 处，电压为 380V，表明此 3 号线是导通好的；红表笔保持在 KM 自锁触点的 3 处，并将黑表笔移到 KM 自锁触点的 4 处，电压为 380V，表明此 4 号线是导通好的；据此可判断 KM 自锁触点是否损坏。

记录故障点，KM 自锁触点断开损坏。

故障恢复后通电检查，电路运行正常。

任务四

铣床接触器联锁正、反转控制电路的安装与检修

📖 **学习目标**

1. 能正确应用电压分段测量法；
2. 能独立分析铣床工作台进给电动机控制电路工作原理；
3. 能正确安装、调试铣床工作台进给电动机控制电路；
4. 能根据铣床工作台进给电动机控制电路检修流程独立检修相关故障。

💡 **建议学时**

6 学时：理论 **3** 学时，实训 **3** 学时

✏️ **学习任务**

本次工作任务是为企业检修一台铣床工作台上进给电动机的控制电路，使铣床工作台进给电动机实现以下功能：M 是进给电动机,由接触器 KM1 和 KM2 控制,实现进给电动机 M 的正反转。再跟操作手柄结合可以实现对铣床圆工作台旋转拖动及工作台 6 个进给（上、下、左、右、前、后）方向正常和快速进

给的拖动。按照电气原理图安装并调试。铣床工作台进给电动机控制电路图如图 4-1 所示。

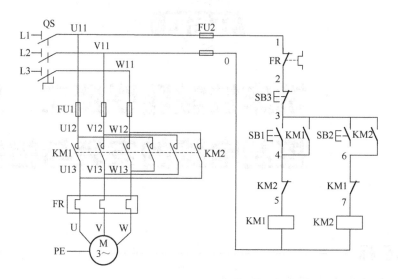

图 4-1　铣床工作台进给电动机控制电路图

知识准备

一、联锁知识

正反转两个接触器是不允许同时通电的，控制电路的设计必须保证当一个接触器接通时，另一个接触器不能被接通，这叫作联锁或互锁。

由图 4-1 可见；铣床接触器联锁正反转控制电路中，接触器 KM1 和 KM2 的主触点绝不允许同时闭合，否则将造成两相电源（L1 和 L3 相）短路事故。为了避免两个接触器 KM1 和 KM2 同时得电动作，在 KM1 和 KM2 线圈电路中分别串接了对方的一对辅助常闭触点。这样，当一个接触器得电动作时，通过其辅助常闭触点使另一个接触器不能得电动作。接触器间这种相互制约的作用叫作接触器联锁（或互锁）。实现联锁作用的辅助常闭触点称为联锁触点（或互锁触点）。

接触器联锁正反转控制电路中，电动机从正转变为反转时，必须先按下停止按钮，才能按反转启动按钮，否则由于接触器的联锁作用，电动机不能实现反转。因此，线路工作安全可靠，但操作不方便。

二、铣床接触器联锁正、反转控制电路工作原理

铣床工作台进给电动机控制电路实际就是铣床接触器联锁正、反转控制电路，由图 4-1 可见，铣床接触器联锁正、反转控制电路一般是由三相电源 L1、L2、L3，组合开关 QS、熔断器 FU1、FU2，一个热继电器 FR，两个接触器 KM1、KM2，启动正转按钮 SB1，启动反转按钮 SB2，停止按钮 SB3 和三相交流异步电动机 M 构成的。从主电路中可以看出，这两个接触器的主触点所接通的电源相序不同，KM1 按 L1—L2—L3 相序接线，KM2 则按 L3—L2—L1 相序接线，即实现电动机正反转的方法是对调三相电源线中的任意两根。相应的控制电路有两条，一条是由 SB1 和 KM1 线圈等组成的正转控制电路；另一条是由 SB2 和 KM2 线圈等组成的反转控制电路。电路中的 KM1 和 KM2 线圈辅助触点分别串接在对方电路中实现联锁，电动机带动工作台运行，熔断器作为短路保护。

工作原理如下。

先合上电源开关 QS。

正转控制：按下 SB1→KM1 线圈得电→KM1 联锁触点分断，对 KM2 联锁

→KM1 自锁触点闭合自锁

→KM1 主触点闭合→电动机 M 启动

连续正转。

反转控制：按下 SB3→KM1 线圈失电→KM1 联锁触点恢复闭合，解除对 KM2 联锁

→KM1 自锁触点分断解除自锁

→KM1 主触点分断→电动机 M 失电

停转。

按下 SB2→KM2 线圈得电→KM2 联锁触点分断，对 KM1 联锁

→KM2 自锁触点闭合自锁

→KM2 主触点闭合→电动机 M 启动连续反转。

若要停止，按下 SB3，整个控制电路失电，KM1 或 KM2 主触点分断，电动机 M 失电停转。

🚌 计划与实施

铣床接触器联锁正、
反转控制电路接线

一、识读铣床接触器联锁正、反转控制电路

要完成铣床接触器联锁正、反转控制电路的安装与调试必须正确识读铣床接触器联锁正、反转控制电路，理解铣床接触器联锁正、反转控制电路工作原理。

二、准备元器件和耗材

根据电动机的规格选择工具、仪表和器材，并进行质量检验。

三、安装元器件

在控制板上合理设计元器件布局图，安装电气元件。元件安装应牢固、整齐、匀称、间距合理。

四、布线

按照电气控制原理图或接线图布线，要求横平竖直、分布均匀。导线与接线端子连线时不能压绝缘层、不能反圈且不能露铜过长。

五、安装电动机

控制电路板必须安装在能看见电动机的地方，确保操作安全。安装电动机并完成电源、电动机和按钮的保护接地线。

六、检查安装质量

安装完毕的控制电路板，必须经过认真检查后，才能通电试车。检查步骤：一是按电气原理图从电源端开始，逐段核对接线及线号，重点检查电路有无漏

接、错接，以及同一导线两端线号是否一致；二是检查接线端子上所有接线压接是否牢固，接触是否良好，不允许有松动、脱落现象；三是在不通电情况下，用手动来模拟电器的操作动作，用万用表测量线路的通断情况；四是选用 500V 的兆欧表检查电动机的绝缘电阻，要求不小于 0.5MΩ。

七、通电试车

试车前要做好准备工作，一般要清点工具及材料，检查熔断器的熔体是否符合要求，分断各开关，使按钮处于未通电状态，检查三相电源电压是否正常，然后接上电动机通电试车，实现铣床接触器联锁正、反转控制功能。

【铣床接触器联锁正、反转控制电路常见故障及处理方法】

例一：以图 4-2 为例，假设 FU2 的 0 号线断开。

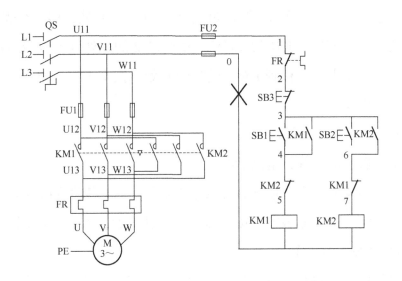

图 4-2　例一图

先通电试验观察故障现象：按正转启动按钮 SB1，KM1 不动作；按反转启动按钮 SB2，KM2 不动作。

记录故障现象：KM1 和 KM2 不能动作，电机不能正反转运行。

判断故障部位：先是正反转启动电路公共部分，然后是正、反转启动电路。

（1）检查正转：FU2 的 1 处→1 号线→FR 常闭触点→ 2 号线→停止按钮

SB3→3 号线→正转启动按钮 SB1→4 号线→KM2 常闭触点→5 号线→KM1 线圈→0 号线→FU2 的 0 处。

（2）检查反转：3 号线→反转启动按钮 SB2→6 号线→KM1 常闭触点→7 号线→KM2 线圈→0 号线。

故障点检查。

① 电阻法。

断电情况下，用万用表电阻 100Ω 挡，为节省检查时间，可先从上述控制电路的中间查起。如图 4-2 所示，红表笔置于 U11，黑表笔置于 KM1 线圈的 5 处，按下 SB1，电阻为零，表明此段电路是导通的；将红表笔置于 FU2 的 0 处，黑表笔移到 KM1 线圈的 0 处，电阻为无穷大，表明此 0 号线断开。

② 电压法。

通电情况下，用万用表电压 500V 挡，为节省检查时间，可先从上述控制电路的中间查起。如图 4-2 所示，保持黑表笔在 FU2 的 0 处，移动红表笔到 KM1 线圈的 5 处，按下 SB1，电压为 380V，表明 FU2 的 1 处到 KM1 线圈的 5 处电路是导通好的；将黑表笔移到 KM1 线圈的 0 处，按下 SB1，电压为 0V，表明此 0 号线断开损坏。

记录故障点：0 号线断开损坏。

故障恢复后通电检查，电路运行正常。

例二： 以图 4-3 为例，假设 KM1 线圈断开、反转启动按钮 SB2 不能接通。

先通电试验观察故障现象：按正转启动按钮 SB1，KM1 不动作，按反转启动按钮 SB2，KM2 不动作。

记录故障现象：KM1 和 KM2 不能动作，电机不能正反转运行。

判断故障部位：先是正反转启动电路公共部分，然后是正、反转启动电路。

（1）检查正转：FU2 的 1 处→1 号线→FR 常闭触点→ 2 号线→停止按钮 SB3→3 号线→正转启动按钮 SB1→4 号线→KM2 常闭触点→5 号线→KM1 线圈→0 号线→FU2 的 0 处。

（2）检查反转：3 号线→反转启动按钮 SB2→6 号线→KM1 常闭触点→7 号

线→KM2 线圈→0 号线。

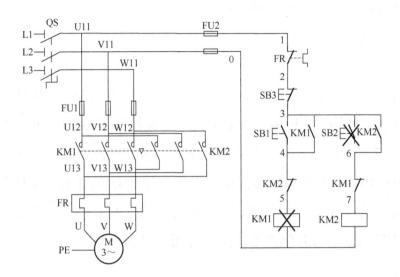

图 4-3 例二图

故障点检查。

① 电阻法。

断电情况下，用万用表电阻 100Ω 挡，为节省检查时间，可先从上述控制电路的中间查起。如图 4-3 所示，红表笔置于 U11，黑表笔置于 KM1 线圈的 5 处，按下 SB1，应电阻为零，表明此段电路是导通好的；将黑表笔移到 KM1 线圈的 0 处，现电阻应为无穷大，表明 KM1 线圈断开损坏。

② 电压法。

通电情况下，用万用表电压 500V 挡，为节省检查时间，可先从上述控制电路的中间查起。如图 4-3 所示，黑表笔置于 FU2 的 0 处，移动红表笔到 KM1 线圈的 5 处，按下 SB1，电压为 380V，表明 FU2 的 1 处到 KM1 线圈的 5 处电路是导通好的；将黑表笔移到 KM1 线圈的 0 处，按下 SB1，电压也为 380V，表明 0 号线是好的，KM1 线圈有电压，但没有动作，说明 KM1 线圈断开损坏。

记录故障点：KM1 线圈断开损坏。

故障恢复后通电检查，发现 KM1 能启动，但 KM2 仍不能启动。

记录故障现象：KM2 不能动作，电机不能反转运行。

判断故障部位：反转启动电路。检查 3 号线→反转启动按钮 SB2→6 号线→KM1 常闭触点→7 号线→KM2 线圈→0 号线。

故障点检查。

① 电阻法。

断电情况下，用万用表电阻 100Ω 挡，为节省检查时间，可先从上述控制电路的中间查起。如图 4-3 所示，红表笔置于停止按钮 SB3 的 3 处，黑表笔置于 KM2 线圈的 7 处，按下 SB1，电阻为无穷大，表明此段电路是不导通的，故障应存在此段电路中；将黑表笔移到反转启动按钮 SB2 的 3 处，电阻为 0，表明此 3 号线是好的；将黑表笔移到反转启动按钮 SB2 的 6 处，按下 SB2，电阻为无穷大，说明 SB2 的常开触点不能闭合导通、已损坏。

② 电压法。

通电情况下，用万用表电压 500V 挡，为节省检查时间，可先从上述控制电路的中间查起。如图 4-3 所示，保持黑表笔在 FU2 的 0 处，移动红表笔到 KM2 线圈的 7 处，按下 SB2，电压为 0V，表明此段电路是不导通的，故障应存在此段电路中；将红表笔移到反转启动按钮 SB2 的 3 处，电压为 380V，表明此 3 号线是好的；将红表笔移到反转启动按钮 SB2 的 6 处，按下 SB2，电压为 0V，说明 SB2 的常开触点不能闭合导通、已损坏。

记录故障点：SB2 常开触点不能闭合导通、已损坏。

故障恢复后通电检查，电路运行正常。

卧式镗床双重联锁正、反转控制电路的安装与检修

任务五

学习目标

1. 能独立分析卧式镗床双重联锁正、反转控制电路工作原理；
2. 能正确安装、调试卧式镗床双重联锁正、反转控制电路；
3. 能根据卧式镗床双重联锁正、反转控制电路检修流程独立检修相关故障。

建议学时

6 学时：理论 3 学时，实训 3 学时

学习任务

本次工作任务是为企业检修一台卧式镗床工作台上快速移动电动机的控制电路，使卧式镗床工作台快速移动电动机实现以下功能：M 是快速移动电动机，由按钮 SB1 和 SB2 及接触器 KM1 和 KM2 控制，实现双重联锁正、反转控制，通过机械传动实现正向（反向）快速进给运动。按照电气原理图安装并调试。卧式镗床工作台快速移动电动机控制电路图如图 5-1 所示。

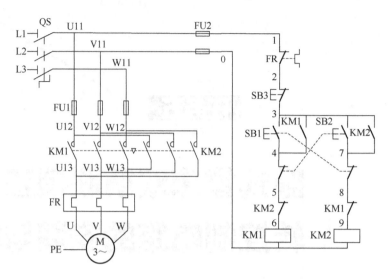

图 5-1　卧式镗床工作台快速移动电动机控制电路图

🔬 知识准备

卧式镗床双重联锁正、反转控制电路工作原理

　　卧式镗床工作台快速移动电动机控制电路实际就是卧式镗床双重联锁正、反转控制电路。由图 5-1 可见，卧式镗床双重联锁正、反转控制电路一般是由三相电源 L1、L2、L3，组合开关 QS，熔断器 FU1、FU2，一个热继电器 FR，两个接触器 KM1、KM2，启动正转按钮 SB1，启动反转按钮 SB2，停止按钮 SB3 和三相交流异步电动机 M 构成的。从主电路中可以看出，这两个接触器的主触点所接通的电源相序不同，KM1 按 L1—L2—L3 相序接线，KM2 则按 L3—L2—L1 相序接线。相应的控制电路有两条，一条是由 SB1 和 KM1 线圈等组成的正转控制电路；另一条是由 SB2 和 KM2 线圈等组成的反转控制电路。电路中的 KM1 和 KM2 线圈辅助触点，以及正转按钮 SB1 和反转按钮 SB2 常闭触点分别串接在对方电路中实现联锁，电动机带动工作台运行，熔断器作为短路保护。

　　工作原理如下。

　　先合上电源开关 QS。

正转控制：按下 SB1→SB1（7—8）断开，对 KM2 联锁；

SB1（3—4）闭合→KM1 线圈得电→KM1（8—9）分断，对 KM2 联锁

　　　　→KM1（3—4）闭合自锁

　　　　→KM1 主触点闭合→电动机 M 启动连续正转。

反转控制：按下 SB2→SB2（4—5）断开→KM1 线圈断电，触点复位→电动机 M 断电惯性运转→对 KM1 联锁；

SB2（3—7）闭合→KM2 线圈得电→KM2（5—6）分断，对 KM1 联锁

　　　　→KM2（3—7）闭合自锁

　　　　→KM2 主触点闭合→电动机 M 反向启动并连续运转。

若要停止，按下 SB3，整个控制电路失电，KM1 或 KM2 主触点分断，电动机 M 失电停转。

计划与实施

卧式镗床双重联锁正、
反转控制电路接线

一、识读卧式镗床双重联锁正、反转控制电路

要完成卧式镗床双重联锁正、反转控制电路的安装与调试，必须正确识读卧式镗床双重联锁正、反转控制电路，理解卧式镗床双重联锁正、反转控制电路工作原理。

二、准备元器件和耗材

根据电动机的规格选择工具、仪表和器材，并进行质量检验。

三、安装元器件

在控制板上合理设计元器件布局图，安装电气元件。元件安装应牢固、整齐、匀称、间距合理。

四、布线

按照电气控制原理图或接线图布线，要求横平竖直、分布均匀。导线与接线端子连线时不能压绝缘层、不能反圈且不能露铜过长。

五、安装电动机

控制电路板必须安装在能看见电动机的地方，确保操作安全。安装电动机并完成电源、电动机和按钮的保护接地线。

六、检查安装质量

安装完毕的控制电路板，必须经过认真检查后，才能通电试车。检查步骤：一是按电气原理图从电源端开始，逐段核对接线及线号，重点检查电路有无漏接、错接，以及同一导线两端线号是否一致；二是检查接线端子上所有接线压接是否牢固，接触是否良好，不允许有松动、脱落现象；三是在不通电情况下，用手动来模拟电器的操作动作，用万用表测量线路的通断情况；四是选用500V的兆欧表检查电动机的绝缘电阻，要求不小于0.5MΩ。

七、通电试车

试车前要做好准备工作，一般要清点工具及材料，检查熔断器的熔体是否符合要求，分断各开关，使按钮处于未通电状态，检查三相电源电压是否正常，然后接上电动机通电试车，实现卧式镗床双重联锁正、反转控制功能。

【卧式镗床双重联锁正、反转控制电路常见故障及处理方法】

例一： 以图5-2为例，假设1号线断开。

先通电试验观察故障现象：按正转启动按钮SB1，KM1不动作；按反转启动按钮SB2，KM2不动作。

记录故障现象：KM1和KM2不能动作，电机不能正反转运行。

判断故障部位：先是正反转启动电路公共部分，然后是正、反转启动电路。

（1）检查正转：FU2的1处→1号线→FR常闭触点→ 2号线→停止按钮SB3→3号线→正转启动按钮SB1→4号线→SB2常闭触点→5号线→KM2常闭触点→6号线→KM1线圈→0号线。

（2）检查反转：反转启动按钮SB2→7号线→SB1常闭触点→8号线→KM1常闭触点→9号线→KM2线圈→0号线。

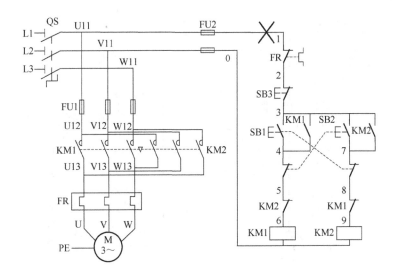

图 5-2　例一图

故障点检查。

① 电阻法。

断电情况下，用万用表电阻 100Ω 挡，为节省检查时间，可先从上述控制电路的中间查起。如图 5-2 所示，红表笔置于 U11，黑表笔置于 SB1 的 3 处，电阻为无穷大，表明此段电路是断开的；将黑表笔移到 FR 的 1 处，红表笔不动，电阻为无穷大，表明此段电路是断开的；将黑表笔移到 FU2 的 1 处，红表笔不动，电阻为零，表明此段电路是导通的，说明 1 号线断开损坏。

② 电压法。

通电情况下，用万用表电压 500V 挡，为节省检查时间，可先从上述控制电路的中间查起。如图 5-2 所示，保持黑表笔置于 FU2 的 0 处，红表笔置于 SB1 的 3 处，电压为 0V，表明 SB1 的 3 处到 U11 的电路是断开的；移动红表笔到 FU2 的 1 处，电压为 380V，表明 FU2 的 1 处到 U11 的电路是导通的；移动红表笔到 FR 的 1 处，电压为 0V，表明 1 号线断开损坏。

记录故障点：1 号线断开损坏。

故障恢复后通电检查，电路运行正常。

例二： 以图 5-3 为例，假设 5 号线断开、KM2 线圈断开。

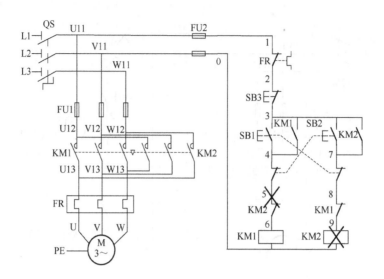

图 5-3　例二图

先通电试验观察故障现象：按正转启动按钮 SB1，KM1 不动作，按反转启动按钮 SB2，KM2 不动作。

记录故障现象:KM1 和 KM2 不能动作，电机不能正反转运行。

判断故障部位：先是正反转启动电路公共部分，然后是正、反转启动电路。

（1）检查正转：FU2 的 1 处→1 号线→FR 常闭触点→ 2 号线→停止按钮 SB3→3 号线→正转启动按钮 SB1→4 号线→SB2 常闭触点→5 号线→KM2 常闭触点→6 号线→KM1 线圈→0 号线→FU2 的 0 处。

（2）检查反转：3 号线→反转启动按钮 SB2→7 号线→SB1 常闭触点→8 号线→KM1 常闭触点→9 号线→KM2 线圈→0 号线。

故障点检查。

① 电阻法。

断电情况下，用万用表电阻 100Ω 挡，为节省检查时间，可先从上述控制电路的中间查起。如图 5-3 所示，红表笔置于 U11 处，黑表笔置于 SB1 的 3 处，电阻为零，表明此段电路是导通的；将红表笔移到 KM1 线圈的 6 处，黑表笔不动，按下 SB1，电阻为无穷大，表明此段电路是断开的；将红表笔移到 KM2 的 5 处，黑表笔不动，电阻为无穷大，表明此段电路是断开的；将红表笔移到 SB2 常闭触点的 5 处，黑表笔不动，电阻为零，表明此段电路是好的，说明 5 号线断开损坏。

② 电压法。

通电情况下，用万用表电压 500V 挡，为节省检查时间，可先从上述控制电路的中间查起。如图 5-3 所示，保持黑表笔置于 FU2 的 0 处，红表笔置于 SB1 的 3 处，电压为 380V，表明 SB1 的 3 处到 U11 的电路是导通的；将红表笔移到 KM1 线圈的 6 处，黑表笔不动，按下 SB1，电压为 0V，表明 KM1 线圈的 6 处到 SB1 的 3 处电路是断开的；移动红表笔到 KM2 的 5 处，黑表笔不动，按下 SB1，电压应为 380V，现电压为 0V，表明 KM2 的 5 处到 SB1 的 3 处电路是断开的；移动红表笔到 SB2 常闭触点的 5 处，黑表笔不动，按下 SB1，电压为 380V，表明 SB2 常闭触点的 5 处到 SB1 的 3 处电路是导通的，说明 5 号线断开损坏。

记录故障点：5 号线断开损坏。

故障恢复后通电检查，发现 KM1 能启动，但 KM2 仍不能启动。

记录故障现象：KM2 不能动作，电机不能反转运行。

判断故障部位：反转启动电路。

先检查 3 号线→反转启动按钮 SB2→7 号线→SB1 常闭触点→8 号线→KM1 常闭触点→9 号线→KM2 线圈→0 号线。

故障点检查。

① 电阻法。

断电情况下，用万用表电阻 100Ω 挡，为节省检查时间，可先从上述控制电路的中间查起。如图 5-3 所示，红表笔置于停止按钮 SB3 的 3 处，黑表笔置于 KM2 线圈的 9 处，按下 SB2，电阻为零，表明此段电路是导通的；将黑表笔移动到 KM2 线圈的 0 处，红表笔不动，电阻为无穷大，表明 KM2 线圈断开、已损坏。

② 电压法。

通电情况下，用万用表电压 500V 挡，为节省检查时间，可先从上述控制电路的中间查起。如图 5-3 所示，保持黑表笔在 FU2 的 0 处，移动红表笔到 KM2 线圈的 9 处，按下 SB2，电压为 380V，表明 KM2 线圈的 9 处到 SB1 的 3 处电路是导通的；保持红表笔在 KM2 线圈的 9 处，移动黑表笔到 KM2 线圈的 0 处，按下 SB2，电压为 380V，表明 0 号线是好的，KM2 线圈有电压，但没有动作，说明 KM2 线圈断开、已损坏。

记录故障点：KM2 线圈断开、已损坏。

故障恢复后通电检查，电路运行正常。

任务六

磨床位置控制电路的安装与检修

📖 **学习目标**

1. 能对行程开关进行识别与检测；

2. 能独立分析磨床工作台位置控制进给电动机控制电路工作原理；

3. 能正确安装、调试磨床工作台位置控制进给电动机控制电路；

4. 能根据磨床工作台位置控制进给电动机控制电路检修流程独立检修相关故障。

💡 **建议学时**

6 学时：理论 3 学时，实训 3 学时

✎ **学习任务**

本次工作任务是为企业安装一台磨床工作台上位置控制进给电动机的控制电路，使磨床工作台纵向进给电动机实现以下功能：M 是电动机，由接触器 KM1、KM2 控制来完成正反转运动。SQ1、SQ2 移动到所需要的位置就必须停

止，以免工件加工过头。按钮 SB1、SB2 控制电动机左右移动，按下按钮 SB3 电动机 M 停止转动，即停止工件加工。按照电气原理图安装并调试。磨床工作台位置控制进给电动机控制电路图如图 6-1 所示。

（a）行车运动示意图

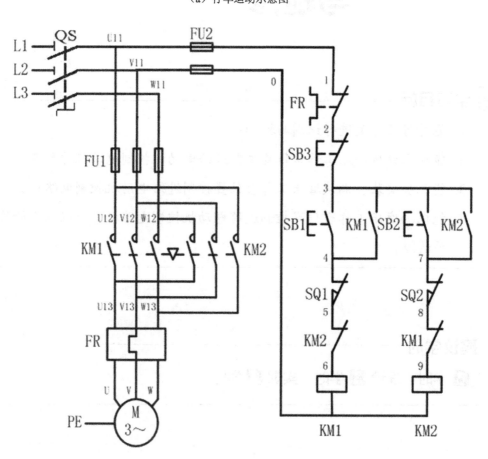

（b）电路图

图 6-1 磨床工作台位置控制进给电动机控制电路图

 知识准备

一、行程开关

行程开关，位置开关（又称限位开关）的一种，是一种常用的小电流主令电器。利用生产机械运动部件的碰撞使其触点动作来实现接通或分断控制电路，达到一定的控制目的。通常，这类开关被用来限制机械运动的位置或行程，使运动机械按一定位置或行程自动停止、反向运动、变速运动或自动往返运动等。其中，常用 JLXK1 系列和 LX19 系列行程开关外形及用途如表 6-1 所示，结构图及电气符号如表 6-2 所示。

表 6-1 行程开关外形及用途

名　称	外　形	用　途
JLXK1 系列		JLXK1 系列行程开关适用于交流 50Hz、电压最高至 380V 或直流电压最高至 220V 的控制电路，用来控制运动机构的行程和变换运动的方向或速度

续表

名　　称	外　　形	用　　途
LX19 系列	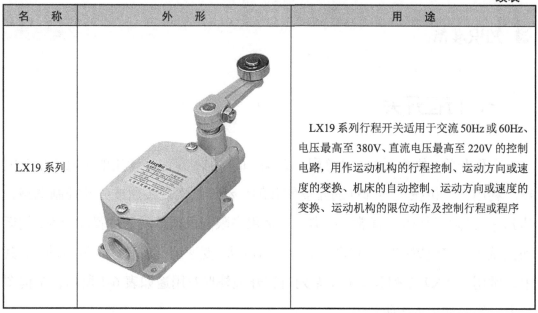	LX19 系列行程开关适用于交流 50Hz 或 60Hz、电压最高至 380V、直流电压最高至 220V 的控制电路,用作运动机构的行程控制、运动方向或速度的变换、机床的自动控制、运动方向或速度的变换、运动机构的限位动作及控制行程或程序

表 6-2　行程开关结构图及电气符号

结　构　图	电气符号
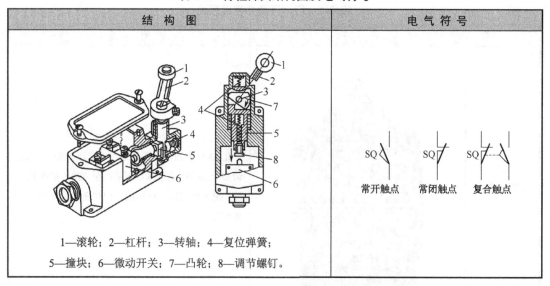	

行程开关的工作原理如下。

直动式行程开关。动作原理同按钮类似,所不同的是:一个是手动,另一个则由运动部件的撞块碰撞。外界运动部件上的撞块碰压按钮使其触点动作,当运动部件离开后,在弹簧作用下,其触点自动复位。

滚轮式行程开关。当运动机械的挡铁（撞块）压到行程开关的滚轮上时，传动杠连同转轴一同转动，使凸轮推动撞块，当撞块碰压到一定位置时，推动微动开关快速动作。当滚轮上的挡铁移开后，复位弹簧就使行程开关复位。这种是单轮自动恢复式行程开关。而双轮旋转式行程开关不能自动复原，它依靠运动机械反向移动时，挡铁碰撞另一滚轮将其复原。

行程开关 LX19 系列的型号含义如图 6-2 所示。如：LX19-001，0：无轮；0：仅有径向传动杆；1：能自动恢复。

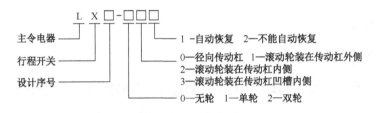

图 6-2 行程开关 LX19 系列的型号含义

行程开关的选择原则：

（1）根据使用场合及控制对象选择种类。

（2）根据安装环境选择防护形式。

（3）根据控制回路的额定电压和额定电流选择系列。

（4）根据行程开关的传力和位移关系选择合理的操作头形式。

二、磨床位置控制电路工作原理

利用生产机械运动部件上的挡铁与行程开关碰撞，使其触点动作来接通或断开电路，以实现对生产机械运动部件的位置或行程的自动控制，称为位置控制，又称行程控制或限位控制。

磨床工作台位置控制进给电动机控制电路实际就是磨床位置控制电路。由图 6-1 可见，磨床位置控制电路一般是由三相电源 L1、L2、L3，组合开关 QS，熔断器 FU1、FU2，一个热继电器 FR，两个行程开关 SQ1、SQ2，两个接触器

KM1、KM2，启动正转按钮 SB1，启动反转按钮 SB2，停止按钮 SB3 和三相交流异步电动机 M 构成的。从主电路可以看出，这两个接触器的主触点所接通的电源相序不同，KM1 按 L1—L2—L3 相序接线，KM2 则按 L3—L2—L1 相序接线。相应的控制电路有两条，一条是由 SB1 和 KM1 线圈等组成的正转控制电路；另一条是由 SB2 和 KM2 线圈等组成的反转控制电路。电路中的 KM1 和 KM2 线圈辅助触点分别串接在对方电路中实现联锁，行程开关 SQ1、SQ2 也分别串接在这两条电路中的限定位置上。电动机带动工作台运行，熔断器作为短路保护。

工作原理如下。

先合上电源开关 QS。

行车向前运动：按下 SB1→KM1 线圈得电→KM1（8—9）分断，对 KM2 联锁

→KM1（3—4）闭合自锁

→KM1 主触点闭合→电动机 M 启动连续正转→行车向前运动。

行车前移至限定位置，挡铁 1 碰撞位置开关 SQ1→SQ1（4—5）分断→KM1 线圈失电→KM1 触点复位，电动机 M 失电停转，行车停止向前运动。

此时，即使再按下 SB1，由于 SQ1 常闭触点已分断，接触器 KM1 线圈也不会得电，保证了行车不会超过 SQ1 所在位置。

行车向后运动：按下 SB2→KM2 线圈得电→KM2（5—6）分断，对 KM1 联锁

→KM2（3—7）闭合自锁

→KM2 主触点闭合→电动机 M 启动连续反转→行车向后运动。

行车后移至限定位置，挡铁 2 碰撞位置开关 SQ2→SQ2（7—8）分断→KM2 线圈失电→KM2 触点复位，电动机 M 失电停转，行车停止向后运动。

停车时只需要按下 SB3 即可。

工作台位置控制
实际接线图讲解

计划与实施

一、识读磨床位置控制电路

要完成磨床位置控制电路的安装与调试，必须正确识读磨床位置控制电路，理解磨床位置控制电路工作原理。

二、准备元器件和耗材

根据电动机的规格选择工具、仪表和器材，并进行质量检验。

三、安装元器件

在控制板上合理设计元器件布局图，安装电气元件。元件安装应牢固、整齐、匀称、间距合理。

四、布线

按照电气控制原理图或接线图布线，要求横平竖直、分布均匀。导线与接线端子连线时不能压绝缘层、不能反圈且不能露铜过长。

五、安装电动机

控制电路板必须安装在能看见电动机的地方，确保操作安全。安装电动机并完成电源、电动机和按钮的保护接地线。

六、检查安装质量

安装完毕的控制电路板，必须经过认真检查后，才能通电试车。检查步骤：一是按电气原理图从电源端开始，逐段核对接线及线号，重点检查电路有无漏接、错接，以及同一导线两端线号是否一致；二是检查接线端子上所有接线压接是否牢固，接触是否良好，不允许有松动、脱落现象；三是在不通电情况下，用手动来模拟电器的操作动作，用万用表测量线路的通断情况；四是选用500V的兆欧表检查电动机的绝缘电阻，要求不小于 $0.5\text{M}\Omega$。

七、通电试车

试车前要做好准备工作，一般要清点工具及材料，检查熔断器的熔体是否符合要求，分断各开关，使按钮处于未通电状态，检查三相电源电压是否正常，然后接上电动机通电试车，实现磨床位置控制功能。

【磨床位置控制电路常见故障及处理方法】

例一：以图 6-3 为例，假设 FR 常闭触点断开损坏。

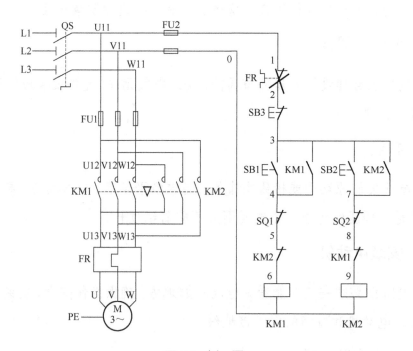

图 6-3　例一图

先通电试验观察故障现象：按正转启动按钮 SB1，KM1 不动作；按反转启动按钮 SB2，KM2 不动作。

记录故障现象：KM1 和 KM2 不能动作，电机不能正反转运行。

判断故障部位：先是正反转启动电路公共部分，然后是正、反转启动电路。

（1）检查正转：FU2 的 1 处→1 号线→FR 常闭触点→2 号线→停止按钮 SB3→3 号线→正转启动按钮 SB1→4 号线→SQ1 动断触点→5 号线→KM2 常闭触点→6 号线→KM1 线圈→0 号线→FU2 的 0 处。

（2）检查反转：3 号线→反转启动按钮 SB2→7 号线→SQ2 动断触点→8 号线→KM1 常闭触点→9 号线→KM2 线圈→0 号线→FU2 的 0 处。

故障点检查。

① 电阻法。

断电情况下，用万用表电阻 100Ω 挡，为节省检查时间，可先从上述控制电路的中间查起。如图 6-3 所示，红表笔置于 FU2 的 1 处，黑表笔置于 3 号线，电阻应为零，现电阻为无穷大，表明此段公共部分电路是断开的；将红表笔置于 FU2 的 1 处，黑表笔移到 FR 的 1 处，电阻应为零，现电阻为零，表明此段电路是导通的；将红表笔置于 FR 的 2 处，黑表笔不变，电阻应为零，现电阻无穷大，表明 FR 常闭触点断开损坏。

② 电压法。

通电情况下，用万用表电压 500V 挡，为节省检查时间，可先从上述控制电路的中间查起。如图 6-3 所示，红表笔置于 FU2 的 1 处，黑表笔置于 FU2 的 0 端，电压为 380V，表明保险管 FU2 是好的；红表笔置于 3 号线，黑表笔置于 FU2 的 0 端，电压应为 380V，现电压为 0V，表明 3 号线到 FU2 的 1 处电路是断开的；将红表笔置于 FR 的 2 处，黑表笔不动，电压应为 380V，现电压为 0V，表明到 FU2 的 1 处到 FR 的 2 处的电路是断开的；移动红表笔到 FR 的 1 处，黑表笔不动，电压应为 380V，现电压为 380V，表明 FR 的 1 处到 FU2 的 1 处的电路是导通的，则 FR 常闭触点断开损坏。

记录故障点：FR 常闭触点断开损坏。

故障恢复后通电检查，电路运行正常。

例二：以图 6-4 为例，假设 6 号线断开、SQ2 动断触点断开损坏。

先通电试验观察故障现象：按正转启动按钮 SB1，KM1 不动作，按反转启动按钮 SB2，KM2 不动作。

记录故障现象：KM1 和 KM2 不能动作，电机不能正反转运行。

判断故障部位：先是正反转启动电路公共部分，然后是正、反转启动电路。

（1）检查正转：FU2 的 1 处→1 号线→FR 常闭触点→ 2 号线→停止按钮 SB3→3 号线→正转启动按钮 SB1→4 号线→SQ1 动断触点→5 号线→KM2 常闭

触点→6 号线→KM1 线圈→0 号线→FU2 的 0 处。

（2）检查反转：3 号线→反转启动按钮 SB2→7 号线→SQ2 动断触点→8 号线→KM1 常闭触点→9 号线→KM2 线圈→0 号线。

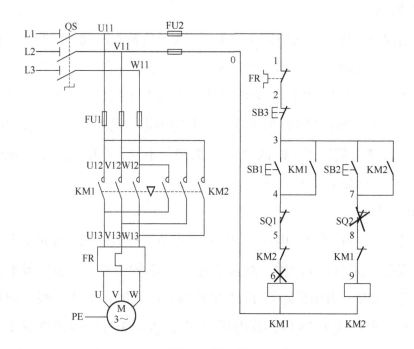

图 6-4　例二图

故障点检查。

① 电阻法。

断电情况下，用万用表电阻 100Ω 挡，为节省检查时间，可先从上述控制电路的中间查起。如图 6-4 所示，红表笔置于 FU2 的 1 处，黑表笔置于 3 号线，电阻应为零，现电阻为零，表明此段电路是导通的；黑表笔移到 KM1 线圈的 6 处，按下 SB1，电阻应为零，现电阻为无穷大，表明此段电路是断开的；黑表笔移到 KM2 的 6 处，按下 SB1，电阻应为零，现电阻为零，表明此段电路是导通的，说明 6 号线断开损坏。

② 电压法。

通电情况下，用万用表电压 500V 挡，为节省检查时间，可先从上述控制电路的中间查起。如图 6-4 所示，红表笔置于 FU2 的 1 处，黑表笔置于 FU2 的 0

处，电压应为 380V，现电压为 380V，表明保险管 FU2 是好的；红表笔置于 SB1 的 3 处，电压应为 380V，现电压为 380V，表明 SB1 的 3 处到 FU2 的 1 处电路 是导通的；将红表笔移到 KM1 的 6 处，按下 SB1，电压应为 380V，现电压为 0V，表明 SB1 的 3 处到 KM1 的 6 处电路是断开的；将红表笔移到 KM2 的 6 处，按下 SB1，电压应为 380V，现电压为 380V，表明 SB1 的 3 处到 KM2 的 6 处电路是导通的，说明 6 号线断开损坏。

记录故障点：6 号线断开损坏。

故障恢复后通电检查，发现 KM1 能启动，但 KM2 仍不能启动。

记录故障现象：KM2 不能动作，电机不能反转运行。

判断故障部位：反转启动电路。

检查反转：3 号线→反转启动按钮 SB2→7 号线→SQ2 动断触点→8 号线→ KM1 常闭触点→9 号线→KM2 线圈→0 号线。

故障点检查。

① 电阻法。

断电情况下，用万用表电阻 100Ω 挡，为节省检查时间，可先从上述控制电 路的中间查起。如图 6-4 所示，红表笔置于停止按钮 SB3 的 3 处，黑表笔置于 SQ2 的 7 处，按下 SB2，电阻应为零，现电阻为零，表明此段电路是导通的； 将红表笔移到 SQ2 的 8 处，黑表笔不动，电阻应为零，现电阻为无穷大，说明 SQ2 动断触点断开损坏。

② 电压法。

通电情况下，用万用表电压 500V 挡，为节省检查时间，可先从上述控制电 路的中间查起。如图 6-4 所示，红表笔置于 3 号线，黑表笔置于 SQ2 的 7 处， 电压应为 380V，现电压为 0V，表明 SQ2 的 7 处到 0 号线电路是断开的；将黑 表笔移到 SQ2 的 8 处，红表笔不动，电压应为 380V，现电压为 380V，表明 SQ2 的 8 处到 0 号线电路是导通的，则说明 SQ2 动断触点断开损坏。

记录故障点：SQ2 动断触点断开损坏。

故障恢复后通电检查，电路运行正常。

任务七

磨床自动往返控制电路的安装与检修

学习目标

1. 能独立分析磨床工作台自动往返进给电动机控制电路工作原理；

2. 能正确安装、调试磨床工作台自动往返进给电动机控制电路；

3. 能根据磨床工作台自动往返进给电动机控制电路检修流程独立检修相关故障。

建议学时

⑥ 学时：理论 ③ 学时，实训 ③ 学时

学习任务

本次工作任务是为企业安装一台磨床工作台上自动往返进给电动机的控制电路，使磨床工作台纵向进给电动机实现以下功能：M 是电动机，由接触器 KM1、KM2 控制来完成正反转运动。SQ1、SQ2（其中，SQ1 由常闭开关 SQ11 和常开开关 SQ12 组成；SQ2 由常闭开关 SQ21 和常开开关 SQ22 组成）是磨

床工作台自动往返所需要的行程开关。工作时，砂轮旋转，同时工作台带动工件右移，工件被磨削。然后工作台带动工件快速左移，砂轮向前作进给运动，工作台再次右移，工件上新的部位被磨削，这样不断重复，直至整个待加工平面都被磨削，按下按钮 SB3，电动机 M 停止转动，即加工停止。按照电气原理图安装并调试。磨床工作台自动往返进给电动机控制电路图如图 7-1 所示。

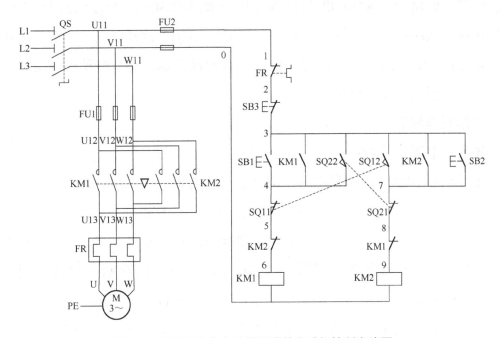

图 7-1　磨床工作台自动往返进给电动机控制电路图

🔬 知识准备

磨床自动往返控制电路工作原理

磨床工作台位置控制进给电动机控制电路实际就是磨床自动往返控制电路，由图 7-1 可见，磨床自动往返控制电路一般是由三相电源 L1、L2、L3，组合开关 QS，熔断器 FU1、FU2，一个热继电器 FR，两个行程开关 SQ1、SQ2（其中，SQ1 由常闭开关 SQ11 和常开开关 SQ12 组成；SQ2 由常闭开关 SQ21 和常开开关 SQ22 组成），两个接触器 KM1、KM2，启动正转按钮 SB1，启动反转按钮 SB2，停止按钮 SB3 和三相交流异步电动机 M 构成的。从主电路可以看出，这两个接触器的主触点所接通的电源相序不同，KM1 按 L1—L2—L3 相序接线，KM2 则按 L3—L2—L1 相序接线。相应的控制电路有两条，一条是由 SB1 和 KM1 线圈等组成的正转控制电路；另一条是由 SB2 和 KM2 线圈等组成的反转控制电路。电路中的 KM1 和 KM2 线圈辅助触点和 SQ11、SQ21 常闭触点分别串接在对方电路中实现联锁，行程开关 SQ22、SQ12 常开触点也分别并接在启动正转按钮 SB1、启动反转按钮 SB2 中实现自动往返功能。电动机带动工作台运行，熔断器作为短路保护。

工作原理如下。

先合上电源开关 QS。

按下 SB1→KM1 线圈得电→KM1（8—9）分断，对 KM2 联锁

　　　　　　　　→KM1（3—4）闭合自锁

　　　　　　　　→KM1 主触点闭合→电动机 M 正转→工作台左移。

工作台左移至限定位置，挡铁 1 碰撞→SQ11（4—5）分断→KM1 线圈失电

　　→KM1 触点复位→电动机停止正转，工作台停止左移

　　→SQ12（3—7）闭合→KM2 线圈得电→KM2（5—6）分断，对 KM1

联锁

　　→KM2（3—7）闭合自锁

　　→KM2 主触点闭合→电动机 M 反转→工作台右移。

工作台右移至限定位置，挡铁 2 碰撞→SQ21（7—8）分断→KM2 线圈失电

　　→KM2 触点复位→电动机停止反转，工作台停止右移

　　→SQ22（3—4）闭合→KM1 线圈得电→KM1（8—9）分断，对 KM2

联锁

　　→KM1（3—4）闭合自锁

　　→KM1 主触点闭合→电动机 M 又正转→工作台又左移……以后重复上述过程，工作台就在限定的行程内自动往返运动。

停止时，按下 SB3→整个控制电路失电→KM1（或 KM2）主触点分断→电动机 M 失电停止运行→工作台停止运动。

这里 SB1、SB2 分别作为正转启动按钮和反转启动按钮，若启动时工作台在左端，则应按下 SB2 进行启动。

🚌 计划与实施

磨床自动往控制电路接线

一、识读磨床自动往返控制电路

要完成磨床自动往返控制电路的安装与调试，必须正确识读磨床自动往返控制电路，理解磨床自动往返控制电路工作原理。

二、准备元器件和耗材

根据电动机的规格选择工具、仪表和器材，并进行质量检验。

三、安装元器件

在控制板上合理设计元器件布局图，安装电气元件。元件安装应牢固、整齐、匀称、间距合理。

四、布线

按照电气控制原理图或接线图布线，要求横平竖直、分布均匀。导线与接线端子连线时不能压绝缘层、不能反圈且不能露铜过长。

五、安装电动机

控制电路板必须安装在能看见电动机的地方，确保操作安全。安装电动机并完成电源、电动机和按钮的保护接地线。

六、检查安装质量

安装完毕的控制电路板，必须经过认真检查后，才能通电试车。检查步骤：一是按电气原理图从电源端开始，逐段核对接线及线号，重点检查电路有无漏接、错接，以及同一导线两端线号是否一致；二是检查接线端子上所有接线压接是否牢固，接触是否良好，不允许有松动、脱落现象；三是在不通电情况下，用手动来模拟电器的操作动作，用万用表测量线路的通断情况；四是选用500V的兆欧表检查电动机的绝缘电阻，要求不小于0.5MΩ。

七、通电试车

试车前要做好准备工作，一般要清点工具及材料，检查熔断器的熔体是否符合要求，分断各开关，使按钮处于未通电状态，检查三相电源电压是否正常，然后接上电动机通电试车，实现磨床自动往返控制功能。

【磨床自动往返控制电路常见故障及处理方法】

例：以图7-2为例，假设SQ12动合触点断开损坏。

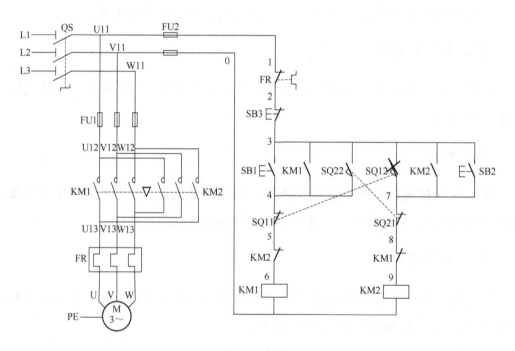

图7-2 例图

先通电试验观察故障现象：按正转启动按钮SB1，电机正转运行，碰到SQ11不能自动返回。按下反转启动按钮SB2，电机反转运行，碰到SQ12能自动返回。

记录故障现象：电机正转，碰到 SQ11 不能自动返回。

判断故障部位：SQ12 动合触点。

故障点分析方法：按正转启动按钮 SB1，电机能正转，碰到 SQ11 不能自动返回，说明 SQ12 动合触点断开损坏。

记录故障点：SQ12 动合触点断开损坏。

故障恢复后通电检查，电路运行正常。

运输机顺序控制电路的安装与检修

📖 学习目标

1. 能对中间继电器进行识别与检测；
2. 能独立分析运输机顺序控制电路工作原理；
3. 能正确安装、调试运输机顺序控制电路；
4. 能根据运输机顺序控制电路检修流程独立检修相关故障。

💡 建议学时

6 学时：理论 **3** 学时，实训 **3** 学时

✏️ 学习任务

　　本次工作任务是为企业改装一台运输机的顺序控制电路，使运输机顺序控制实现以下功能：M1、M2、M3 是电动机，由接触器 KM1、KM2、KM3、KA 控制来完成运输机顺序控制，只要求单方向旋转。三条传送带运输机的启动顺序为 M1→M2→M3，即顺序启动，以防止货物在带上堆积。停止顺序为 M3→

M2→M1，即逆序启动，以保证停车后带上不残留货物。M1、M2 运输机出现故障停止，M3 运输机能随即停止，以免继续进料。按照电气原理图安装并调试。运输机顺序控制电路图如图 8-1 所示。

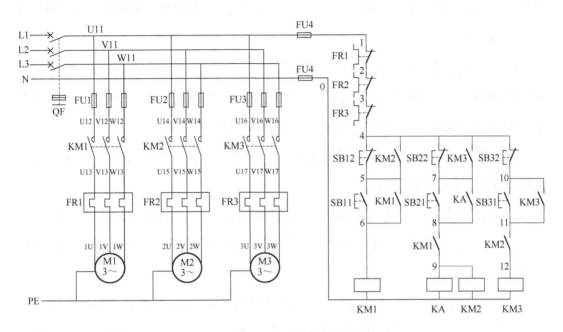

图 8-1　运输机顺序控制电路图

知识准备

一、中间继电器

中间继电器（Intermediate Relay）用于继电保护与自动控制系统中，以增加触点的数量及容量，还被用在控制电路中传递中间信号。在工业控制电路和现在的家用电器控制电路中，常常会有中间继电器存在，对于不同的控制电路，中间继电器的作用有所不同，其在电路中的作用常见的有以下几种。

（1）代替小型接触器。中间继电器的触点具有一定的带负荷能力，当负载容量比较小时，可以用来替代小型接触器使用，如电动卷闸门和一些小家电的控制。

（2）增加接点数量。在电路控制系统中，线路中增加一个中间继电器，不仅不会改变控制形式，还会增加接点数量，而且便于维修。

（3）增加接点容量。中间继电器的接点容量虽然不是很大，但也具有一定的带负载能力，同时其驱动所需要的电流又很小，因此可以用中间继电器来扩大接点容量。

（4）转换接点类型。在工业控制电路中，可以将一个中间继电器与原来的接触器线圈并联，用中间继电器的常闭接点去控制相应的元件，转换一下接点类型，可以实现接触器的常闭接点功能，从而达到控制目的。

（5）用作开关。在一些控制电路中，一些电气元件常常使用中间继电器，用其接点的开闭来控制通断。

（6）转换电压。在工业控制电路中电压是 DC24V，而电磁阀的线圈电压是AC220V，安装一个中间继电器，可以将直流与交流、高压与低压分开，便于以后的维修，并有利于安全使用。

（7）消除电路中的干扰。在工业控制或计算机控制电路中，虽然有各种各样的干扰抑制措施，但干扰现象还是或多或少地存在着，在内部加入一个中间继电器，可以达到消除干扰的目的。

常用的中间继电器有 JZ7、JZ14、JZ15 等系列。中间继电器外形及用途如表 8-1 所示，JZ7 系列中间继电器结构图及电气符号如表 8-2 所示。

表 8-1　中间继电器外形及用途

名　称	外　形	用　途
JZ7 系列		JZ7 系列中间继电器适用于交流 50Hz、额定电压最高至 380V 及直流 220V 的电路，用于控制电磁线圈以使信号放大或将信号传递给有关控制元件

续表

名　　称	外　　形	用　　途
JZ14 系列	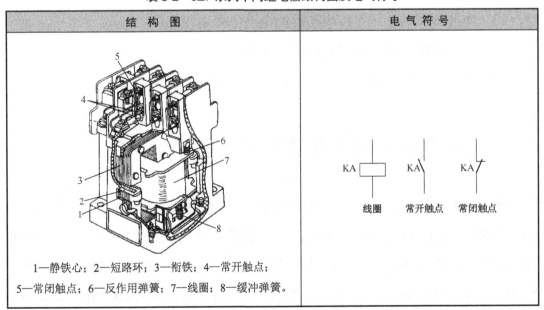	JZ14 系列中间继电器适用于交流 50Hz 或 60Hz，电压 500V 以下、直流电压 220V 及以下的控制电路，用来增加信号大小及数量
JZ15 系列		JZ15 系列中间继电器适用于交流 50Hz、电压 380V 及以下、直流电压 220V 及以下的控制电路，用来增加信号大小及数量

表 8-2　JZ7 系列中间继电器结构图及电气符号

结　构　图	电　气　符　号
5 4 3 2 1 6 7 8 1—静铁心；2—短路环；3—衔铁；4—常开触点； 5—常闭触点；6—反作用弹簧；7—线圈；8—缓冲弹簧。	KA　　KA　　KA 线圈　　常开触点　　常闭触点

中间继电器的工作原理。线圈装在"U"形导磁体上，导磁体上面有一个活

动的衔铁，导磁体两侧装有两排触点弹片。在非动作状态下，触点弹片将衔铁向上托起，使衔铁与导磁体之间保持一定间隙。当气隙间的电磁力矩超过反作用力矩时，衔铁被吸向导磁体，同时衔铁压动触点弹片，使常闭触点断开、常开触点闭合，完成继电器工作。当电磁力矩减小到一定值时，由于触点弹片的反作用力矩，触点与衔铁返回到初始位置，准备下次工作。

JZ7 系列中间继电器的型号含义如图 8-2 所示。例如，JZ7-44，JZ：中间继电器，7：设计序号，44：4 个常开触点、4 个常闭触点。

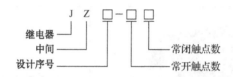

图 8-2　JZ7 系列中间继电器的型号含义

中间继电器的选择原则：

（1）触点容量。触点的额定电压及额定电流应大于控制电路所使用的额定电压及控制电路的工作电流。

（2）触点的种类和数目应满足控制电路的需要。

（3）电磁线圈的电压等级应与控制电路电源电压相等。

（4）应考虑继电器使用过程中的操作频率。

（5）应适合于使用系统的工作制（长期、间断、反复工作制）。

二、运输机顺序控制电路工作原理

由图 8-1 可见，运输机顺序控制电路是由三相电源 L1、L2、L3，空气开关 QF，熔断器 FU1、FU2、FU3、FU4，三个热继电器 FR1、FR2、FR3，三个接触器 KM1、KM2、KM3，一个中间继电器 KA，三个启动按钮 SB11、SB21、SB31，三个停止按钮 SB12、SB22、SB32 和三相交流异步电动机 M1、M2、M3 构成的。在电动机 M2 控制电路中串联了接触器 KM1 的常开辅助触点，从而保证了 M1 启动后 M2 才能启动的控制要求；同样，在电动机 M3 控制电路中串联了接触器 KM2 的常开辅助触点，从而保证了 M2 启动后 M3 才能启动的控制要求，启动顺序为 M1→M2→M3，即顺序启动。在电动机 M2 控制电路中停止按钮 SB22 并联了接触器 KM3 的常开辅助触点，从而保证了 M3 停止后 M2 才能停止的控制要求；同样，在电动机 M1 控制电路中停止按钮 SB12 并联了接触器 KM2 的常开辅助触点，从而保证了 M2 停止后 M1 才能停止的控制要求，停止顺序为 M3→M2→M1，即逆序启动。熔断器作为短路保护。

三条传送带顺序控制电路的工作原理叙述如下。

（1）起动原理。

先合上电源开关 QF。

按下 SB11→KM1 线圈得电→KM1（5—6）闭合自锁

　　　　　　　　　　　→KM1（8—9）闭合，为 KA、KM2 线圈得电做

准备

　　　　　　　　　　　→KM1 主触点闭合，M1 启动。

按下 SB21→KA　线圈得电→KA（7—8）闭合自锁

　　　　　　　　→KM2 线圈得电→KM2（4—5）闭合，为逆序停止做准备

　　　　　　　　→KM2（11—12）闭合，为 KM3 线圈得电做准备

　　　　　　　　→KM2 主触点闭合，M2 启动。

按下 SB31→KM3 线圈得电→KM3（10—11）闭合自锁

　　　　　　　　→KM3（4—7）闭合，为逆序停止做准备

　　　　　　　　→KM3 主触点闭合，M3 启动。

启动顺序为 M1→M2→M3，即顺序启动。

（2）停止原理。

按下 SB32→KM3 线圈失电→KM3 触点复位→电动机 M3 失电停止运行；

按下 SB22→KA、KM2 线圈失电→KA、KM2 触点复位→电动机 M2 失电停止运行；

按下 SB12→KM1 线圈失电→KM1 触点复位→电动机 M1 失电停止运行。

停止顺序为 M3→M2→M1，即逆序启动。

运输机顺序控制
实际接线图讲解

🚌 计划与实施

一、识读运输机顺序控制电路

要完成运输机顺序控制电路的安装与调试，必须正确识读运输机顺序控制电路，理解运输机顺序控制电路工作原理。

二、准备元器件和耗材

根据电动机的规格选择工具、仪表和器材，并进行质量检验。

三、安装元器件

在控制板上合理设计元器件布局图，安装电气元件。元件安装应牢固、整齐、匀称、间距合理。

四、布线

按照电气控制原理图或接线图布线，要求横平竖直、分布均匀。导线与接线端子连线时不能压绝缘层、不能反圈且不能露铜过长。

五、安装电动机

控制电路板必须安装在能看见电动机的地方，确保操作安全。安装电动机并完成电源、电动机和按钮的保护接地线。

六、检查安装质量

安装完毕的控制电路板，必须经过认真检查后，才能通电试车。检查步骤：一是按电气原理图从电源端开始，逐段核对接线及线号，重点检查电路有无漏接、错接，以及同一导线两端线号是否一致；二是检查接线端子上所有接线压接是否牢固，接触是否良好，不允许有松动、脱落现象；三是在不通电情况下，用手动来模拟电器的操作动作，用万用表测量线路的通断情况；四是选用 500V 的兆欧表检查电动机的绝缘电阻，要求不小于 0.5MΩ。

七、通电试车

试车前要做好准备工作，一般要清点工具及材料，检查熔断器的熔体是否符合要求，分断各开关，使按钮处于未通电状态，检查三相电源电压是否正常，然后接上电动机通电试车，实现运输机顺序控制功能。

【运输机顺序控制电路常见故障及处理方法】

例： 以图 8-3 为例，假设 KA 自锁触点断开损坏。

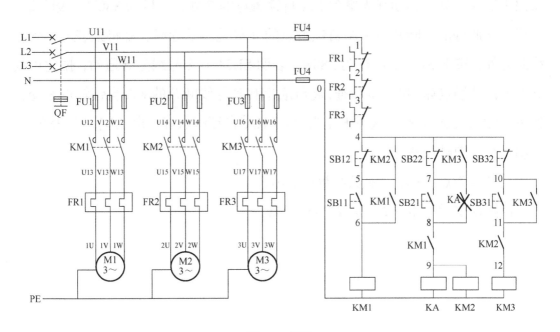

图 8-3 例图

先通电试验观察故障现象：按启动按钮 SB11，电动机 M1 运行。按启动按钮 SB21，KA 动作；释放 SB21，KA 停止动作。

记录故障现象：KA 不能自锁，电机 M2 点动运行。

判断故障部位：KA 自保电路。

故障点检查：从停止按钮 SB21 的 7 处→7 号线→KA 自锁触点→8 号线→启动按钮 SB21 的 8 处。

① 电阻法。

断电情况下，用万用表电阻 100Ω 挡，先检查控制电路。如图 8-3 所示，红表笔置于 U11，黑表笔置于 KA 自锁触点的 7 处，若电阻为零，表明此 7 号线是导通的；将黑表笔移到 KA 自锁触点的 8 处，接下 SB21，若电阻为零，表明此 8 号线是导通的，据此可判断 KA 自锁触点坏；进一步检查，将红表笔移到 KA 自锁触点的 8 处，手动接触器 KA，按下 KA，电阻为无穷大，表明 KA 自锁触点不能闭合损坏。

② 电压法。

通电情况下，用万用表电压 500V 挡，先检查控制电路。如图 8-3 所示，保持黑表笔在 0 处，移动红表笔到 KA 自锁触点的 7 处，电压为 380V，表明此 7 号线是导通好的；断开与 KA 自锁触点的 8 处连接的导线，并将红表笔移到导线断开处，按下 SB21，电压为 380V，表明 SB21 到 8 号线是导通的，据此可判断 KA 自锁触点坏；进一步检查，将红表笔移到导线断开的 KA 自锁触点 8 处，按下 SB21，KA 动作，这时电压为 0V（KA 自锁触点好，电压应该为 380V），表明 KA 自锁触点断开损坏。

记录故障点：KA 自锁触点断开损坏。

故障恢复后通电检查，电路运行正常。

任务九

大功率交流电动机星形—三角形降压启动控制电路

📖 **学习目标**

1. 能对时间继电器进行识别与检测；

2. 能独立分析大功率交流电动机星形—三角形降压启动控制电路工作原理；

3. 能正确安装、调试大功率交流电动机星形—三角形降压启动控制电路；

4. 能根据大功率交流电动机星形—三角形降压启动控制电路检修流程独立检修相关故障。

💡 **建议学时**

6 学时：理论 **3** 学时，实训 **3** 学时

✏️ **学习任务**

　　本次工作任务是为企业安装大功率交流电动机星形—三角形降压启动的控制电路，使大功率交流电动机星形—三角形降压启动控制电路实现以下功能：M 是电动机，由接触器 KM_Y、KT、KM 控制来完成星形降压启动，由接触器 $KM_\triangle$、

KM 控制来完成三角形全压运行。按下停止按钮 SB2，电动机停止工作。按照电气原理图安装并调试。大功率交流电动机星形一三角形降压启动控制电路图如图 9-1 所示。

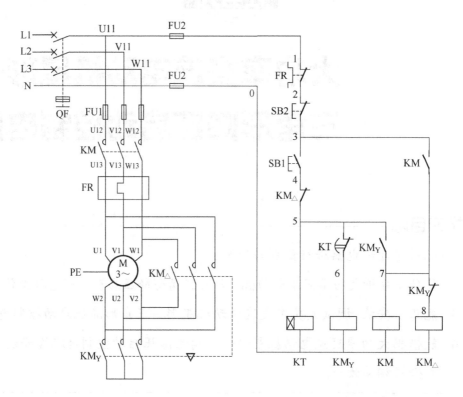

图 9-1　大功率交流电动机星形一三角形降压启动控制电路图

🔬 知识准备

一、时间继电器

时间继电器是一种利用电磁原理或机械动作原理来延迟触点闭合或分断的自动控制电器。在自动控制系统中，有时需要继电器得到信号后不立即动作，而是要顺延一段时间后再动作，并输出控制信号，以达到按时间顺序进行控制的目的。也可以说，时间继电器是一种使用在较低电压或较小电流的电路上，用来接通或切断较高电压、较大电流的电路电气元件。其特点是，自吸引线圈得到信号起至触点动作中间有一段延时。

根据其延时方式的不同，时间继电器又可分为通电延时型和断电延时型两种。对于通电延时型时间继电器，当线圈得电时，其延时动合触点要延时一段时间才闭合，延时动断触点要延时一段时间才断开。当线圈失电时，其延时动合触点迅速断开，延时动断触点迅速闭合。对于断电延时型时间继电器，当线圈得电时，其延时动合触点迅速闭合，延时动断触点迅速断开；当线圈失电时，其延时动合触点要延时一段时间再断开，延时动断触点要延时一段时间再闭合。

常用时间继电器按工作原理可分为电磁式、空气阻尼式（气囊式）、晶体管式等。时间继电器外形及用途如表 9-1 所示，空气阻尼式时间继电器结构图及电气符号如表 9-2 所示。

表 9-1　时间继电器外形及用途

名　称	外　形	用　途
电磁式		电磁式时间继电器作为辅助元件，用于各种保护和自动控制电路，使被控元件的动作得到可调节的延时。其结构比较简单，通常用于断电延时场合
空气阻尼式		空气阻尼式时间继电器的优点是结构简单、价格低廉、寿命长，还附有瞬动触点，所以应用比较广泛。其缺点是准确度较低、延时误差较大（10%～20%），因此不宜用于要求延时精度高的场合，是机床交流控制电路中常用的时间继电器

续表

名　称	外　形	用　途
晶体管式	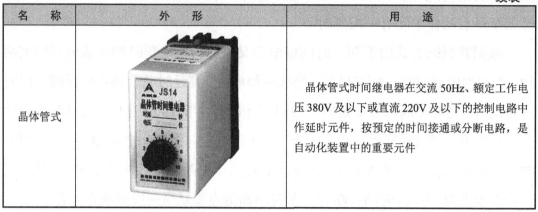	晶体管式时间继电器在交流 50Hz、额定工作电压 380V 及以下或直流 220V 及以下的控制电路中作延时元件，按预定的时间接通或分断电路，是自动化装置中的重要元件

表 9-2　空气阻尼式时间继电器结构图及电气符号

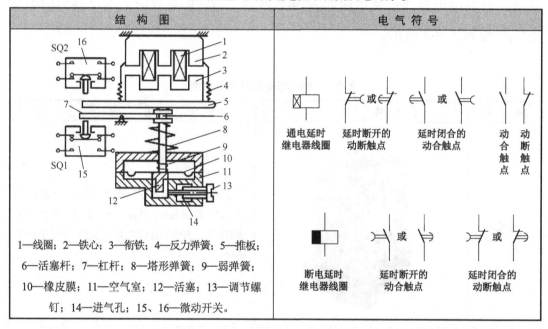

结　构　图	电　气　符　号

1—线圈；2—铁心；3—衔铁；4—反力弹簧；5—推板；
6—活塞杆；7—杠杆；8—塔形弹簧；9—弱弹簧；
10—橡皮膜；11—空气室；12—活塞；13—调节螺
钉；14—进气孔；15、16—微动开关。

　　时间继电器的工作原理。当线圈通电时，衔铁及推板被铁心吸引而瞬时上移，使瞬时动作触点接通或断开。但是活塞杆和杠杆不能同时跟着衔铁一起上移，因为活塞杆的下端连着气室中的橡皮膜，当活塞杆在释放弹簧（塔形弹簧）的作用下开始向上运动时，橡皮膜随之向上凸，上面空气室的空气变得稀薄而使活塞杆受到阻尼作用缓慢上升。经过一定时间，活塞杆上升到一定位置，便通过杠杆推动延时触点动作，使动断触点断开，动合触点闭合。从线圈通电到延时触点完成动作，这段时间就是继电器的延时时间。延时时间的长短可以用螺钉调节空气室进气孔的大小来改变。

　　吸引线圈断电后，继电器依靠恢复弹簧（反力弹簧）的作用而复原。空气经出气孔被迅速排出。

　　JSZ3C 型时间继电器的型号含义如图 9-2 所示。例如，JS：时间继电器，Z3：设计序号，C：瞬动型（通电延时多挡式）。

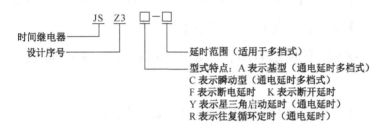

图 9-2　JSZ3C 型时间继电器的型号含义

时间继电器的选择原则：

（1）其线圈（或电源）的电流种类和电压等级应与控制电路相同；

（2）按控制要求选择延时方式和触点形式；

（3）校核触点数量和容量。

二、大功率交流电动机星形—三角形降压启动控制电路工作原理

　　由图 9-1 可见，大功率交流电动机星形—三角形降压启动控制电路是由三个接触器、一个热继电器、一个时间继电器和两个按钮组成的。接触器 KM 作引入电源用，接触器 KM_Y 和 $KM_\triangle$ 分别作星形降压启动和三角形运行用，时间继电器 KT 用于控制星形降压启动时间和完成星形—三角形自动切换。SB1 是启动按钮，SB2 是停止按钮，FU1 用作主电路的短路保护，FU2 用作控制电路的短路保护，FR 用作过载保护。

　　大功率交流电动机星形—三角形降压启动控制电路的工作原理叙述如下。

　　先合上电源开关 QF。

按下 SB1→KM~Y~ 线圈得电→KM~Y~ 联锁触点分断，对 KM~△~ 联锁

　　　　　→KM~Y~ 常开触点闭合→KM 线圈得电→KM 自锁触点闭合自锁

　　　　　　　　　→KM 主触点闭合

　　　→KM~Y~ 主触点闭合→电动机 M 接成星形降压启动

　　　→KT 线圈得电，当 M 转速上升到一定值时，KT 延时结束

　　　→KT 常闭触点分断→KM~Y~ 线圈失电→KM~Y~ 常开触点分断

　　　→KM~Y~ 主触点分断，解除星形连接

　　　→KM~Y~ 联锁触点闭合→KM~△~ 线圈得电→KM~△~ 联锁触点分断，对

KM~Y~ 联锁

　　　→KT 线圈失电→KT 常闭触点瞬时闭合

　　　→KM~△~ 主触点闭合→电动机 M 接成三角形全压运行。

停止时，按下 SB2 即可。

星形-三角形降压启
动实际接线图讲解

🚌 计划与实施

一、识读大功率交流电动机星形—三角形降压启动控制电路

要完成大功率交流电动机星形—三角形降压启动控制电路的安装与调试，必须正确识读大功率交流电动机星形—三角形降压启动控制电路，理解大功率交流电动机星形—三角形降压启动控制电路工作原理。

二、准备元器件和耗材

根据电动机的规格选择工具、仪表和器材，并进行质量检验。

三、安装元器件

在控制板上合理设计元器件布局图，安装电气元件。元件安装应牢固、整齐、匀称、间距合理。

四、布线

按照电气控制原理图或接线图布线，要求横平竖直、分布均匀。导线与接线

端子连线时不能压绝缘层、不能反圈且不能露铜过长。

五、安装电动机

控制电路板必须安装在能看见电动机的地方，确保操作安全。安装电动机并完成电源、电动机和按钮的保护接地线。

六、检查安装质量

安装完毕的控制电路板，必须经过认真检查后，才能通电试车。检查步骤：一是按电气原理图从电源端开始，逐段核对接线及线号，重点检查电路有无漏接、错接，以及同一导线两端线号是否一致；二是检查接线端子上所有接线压接是否牢固，接触是否良好，不允许有松动、脱落现象；三是在不通电情况下，用手动来模拟电器的操作动作，用万用表测量线路的通断情况；四是选用 500V 的兆欧表检查电动机的绝缘电阻，要求不小于 $0.5M\Omega$。

七、通电试车

试车前要做好准备工作，一般要清点工具及材料，检查熔断器的熔体是否符合要求，分断各开关，使按钮处于未通电状态，检查三相电源电压是否正常，然后接上电动机通电试车，实现大功率交流电动机星形—三角形降压启动控制功能。

安装注意事项如下：

（1）控制电路在启动按钮 SB1 线路中串接的 $KM_\triangle$ 常闭触点的作用。

① 当电动机全压运行后，$KM_\triangle$ 接触器已吸合，$KM_\triangle$ 辅助常闭触点断开，如果此时误按启动按钮 SB1，由于 $KM_\triangle$ 辅助常闭触点断开，能防止 KM_Y 线圈再通电，从而避免短路故障。

② 在电动机停转后，如果接触器 $KM_\triangle$ 的主触点因熔在一起或机械故障而没有分断，由于串接了 $KM_\triangle$ 辅助常闭触点（这时相当于接触器还在导通，它处于断开状态），电动机也不会再次启动，可防止短路发生。

③ $KM_\triangle$ 常闭触点和 KM_Y 常闭触点起到联锁作用，避免 KM_Y、$KM_\triangle$ 两组主触点同时得电闭合的现象。

（2）电动机的接线端子与端子板的连接要保证电动机星形连接和三角形连接接线的正确性，防止发生三相电源短路事故。

① 主电路的断电测试方法。万用表选用 R×100 电阻挡，由图 9-1 可见，接通开关 QF，

按下 KM，表笔分别接在 L1—U1、L2—V1、L3—W1，电阻为零。

按下 KMY，表笔分别接在 W2—U2、U2—V2、V2—W2，电阻为零。

按下 KM△，表笔分别接在 U1—W2、V1—U2、W1—V2，电阻为零。

② 控制电路的断电测试方法。万用表选用 R×100 或 R×1K 电阻挡，表笔接在 1 号和 0 号线之间。

按下 SB1，电阻为 1kΩ 左右（KMY、KT 线圈并联的等效电阻）；若按下 KT 一段时间，电阻为 2kΩ（KT 线圈电阻），同时按下 SB2 或者按下 KM△，电阻为无穷大。

按下 KM，电阻为 1kΩ 左右（KM、KM△线圈并联的等效电阻），同时按下 SB2，电阻为无穷大。

【大功率交流电动机星形—三角形降压启动控制电路常见故障及处理方法】

例：以图 9-1 为例。

故障现象：空载试验时，一按启动按钮 SB1，KMY 及 KM△就噼啪噼啪切换不能吸合。

分析：一启动，KMY 和 KM△就反复切换动作，说明时间继电器没有延时动作。一按 SB1 启动按钮，时间继电器线圈得电吸合，接点也立即动作，造成了 KMY 和 KM△的相互切换，不能正常启动。分析问题出现在时间继电器的接点上。

检查：检查时间继电器的接线，发现时间继电器的接点使用错误，接到时间继电器的瞬时动接点上了，所以一通电接点就动作（变成一有电就断）。

处理：将线路改接到时间继电器的延时接点上，重新试车，故障排除。（时间继电器往往有一对延时动作接点，还有一对瞬时动作接点，接线前应认真检查时间继电器的接点使用要求）。

任务十

卧式镗床反接制动控制电路的安装与检修

📖 **学习目标**

1. 能对速度继电器进行识别与检测；

2. 能独立分析卧式镗床反接制动控制电路工作原理；

3. 能正确安装、调试卧式镗床反接制动控制电路；

4. 能根据卧式镗床反接制动控制电路检修流程独立检修相关故障。

💡 **建议学时**

6 学时：理论 **3** 学时，实训 **3** 学时

✏️ **学习任务**

　　本次工作任务是为企业安装卧式镗床反接制动的控制电路，使卧式镗床反接制动控制电路实现以下功能：该电路的主电路和正反转控制电路的主电路相同，只是在反接制动时增加了三个限流电阻 R。电路中 KM1 为正转运行接触器，KM2 为反接制动接触器，KS 为速度继电器，其轴与电动机轴相连（图中用虚线

表示）。反接制动能使运行的电动机迅速制动。缺点是制动准确性差，制动过程中冲击强烈，易损坏传动零件，制动能量消耗大，不宜经常制动。因此，反接制动一般适用于制动要求迅速、系统惯性较大、不经常启动与制动的场合，如铣床、镗床、中型车床等主轴的制动控制。按照电气原理图安装并调试。卧式镗床反接制动控制电路图如图 10-1 所示。

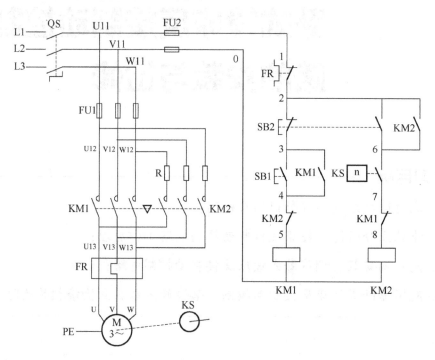

图 10-1　卧式镗床反接制动控制电路图

🔬 知识准备

一、速度继电器

速度继电器又称反接制动继电器，是反映转速和转向的继电器，其主要作用是以旋转速度的快慢为指令信号，与接触器配合，实现对电动机的反接制动控制。它主要用于三相异步电动机反接制动的控制电路中，它的任务是当三相电源的相序改变以后，产生与实际转子转动方向相反的旋转磁场，从而产生制动力矩，使电动机在制动状态下迅速降低速度。在电机转速接近零时立即发出信号，切断电源使之停车（否则电动机开始反方向启动）。

机床控制电路中常用的速度继电器有 JY1 型和 JFZ0 型。速度继电器外形及用途如表 10-1 所示，其结构图及电气符号如表 10-2 所示。

表 10-1 速度继电器外形及用途

名　称	外　形	用　途
JY1 型	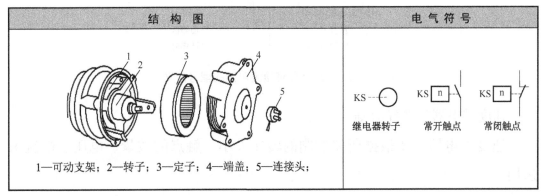	JY1 型速度继电器适用于交流 50Hz、额定电压 380V 及电流 2A 的电路，动作额定工作转速为 100~3000r/min
JFZ0 型		JFZ0 型速度继电器适用于交流 50Hz、额定电压 380V 及电流 2A 的电路，动作额定工作转速有 300~1000r/min（JFZ01）和 1000~3600r/min（JFZ02）两种

表 10-2 速度继电器结构图及电气符号

结　构　图	电气符号
1—可动支架；2—转子；3—定子；4—端盖；5—连接头；	KS --·- 继电器转子　　KS ⬚ 常开触点　　KS ⬚ 常闭触点

续表

结 构 图	电 气 符 号
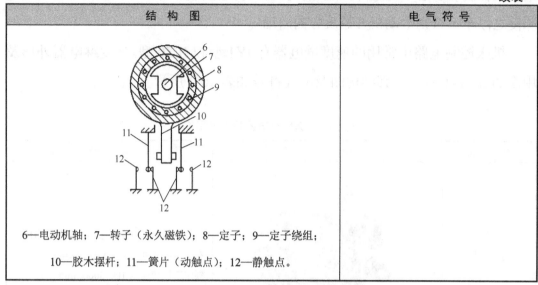 6—电动机轴；7—转子（永久磁铁）；8—定子；9—定子绕组； 10—胶木摆杆；11—簧片（动触点）；12—静触点。	

速度继电器的工作原理。使用时，速度继电器与电动机的转轴连接在一起。当电动机旋转时，速度继电器的转子 7 随之旋转，在空间产生旋转磁场，旋转磁场在定子绕组 9 中产生感应电动势及感应电流，感应电流又与旋转磁场相互作用产生电磁转矩，使得定子 8 以及与之相连的胶木摆杆 10 偏转。当定子偏转到一定角度时，胶木摆杆推动簧片 11，使继电器的触点动作，静触点作为挡块使用，它限制胶木摆杆继续转动。当转子转速减小到接近零(小于 100r/min)时，由于定子的电磁转矩减小，胶木摆杆恢复原状态，触点也随即复位。

JFZ0-1 型速度继电器的型号含义如图 10-2 所示。例如，J：速度继电器，F：反接，Z：制动，0：设计序号，1：转速是 300~1000r/min

图 10-2 JFZ0-1 型速度继电器的型号含义

速度继电器的选择原则：

速度继电器主要根据所需控制的转速大小、触点的数量、电压、电流来选用。

二、卧式镗床反接制动控制电路工作原理

由图 10-1 可见，卧式镗床反接制动控制电路是由三相电源 L1、L2、L3，组合开关 QS，熔断器 FU1、FU2，一个热继电器 FR，两个接触器 KM1、KM2，启动正转按钮 SB1，启动反转常开按钮 SB2，停止正转常闭按钮 SB2 和三相交流异步电动机 M 构成的。从主电路中可以看出，这两个接触器的主触点所接通的电源相序不同，KM1 按 L1—L2—L3 相序接线，KM2 则按 L3—L2—L1 相序接线，它作为反接制动时增加了三个限流电阻 R。相应的控制电路有两条，一条是由 SB1 和 KM1 线圈等组成的正转控制电路；另一条是由 SB2、KM2 线圈和 KS 速度继电器等组成的反转控制电路。电路中的 KM1 和 KM2 线圈辅助触点分别串接在对方电路中实现联锁，电动机带动工作台运行，熔断器作为短路保护。

卧式镗床反接制动控制电路的工作原理叙述如下。

先合上电源开关 QS。

单向启动：按下 SB1→KM1 线圈得电→KM1 联锁触点分断，对 KM2 联锁

→KM1 自锁触点闭合自锁

→KM1 主触点闭合→电动机 M 启动

运转

→至电动机转速上升到一定值

（120r/min 左右）时

→KS 常开触点闭合为制动做准备。

反接制动：按下复合按钮 SB2→SB2 常闭触点先分断→KM1 线圈失电

→KM1 常开触点分断，解除自锁

→KM1 联锁触点闭合

→KM1 主触点分断，M 失电

→SB2 常开触点后闭合→KM2 线圈得电

→KM2 联锁触点分断，对 KM1 联锁

→KM2 自锁触点闭合自锁

→KM2 主触点闭合→电动机 M 串接电阻 R 反接制动

→至电动机转速下降到一定值（100r/min 左右）时

→KS 常开触点分断→KM2 线圈失电

→KM2 自锁触点分断，解除自锁

→KM2 联锁触点闭合

→KM2 主触点分断→电动机 M 脱离电源停转，反接制动结束。

🚌 计划与实施

反接制动控制电路原理讲解

一、识读卧式镗床反接制动控制电路

要完成卧式镗床反接制动控制电路的安装与调试，必须正确识读卧式镗床反接制动控制电路，理解卧式镗床反接制动控制电路工作原理。

二、准备元器件和耗材

根据电动机的规格选择工具、仪表和器材，并进行质量检验。

三、安装元器件

在控制板上合理设计元器件布局图，安装电气元件。元件安装应牢固、整齐、匀称、间距合理。

四、布线

按照电气控制原理图或接线图布线，要求横平竖直、分布均匀。导线与接线端子连线时不能压绝缘层、不能反圈且不能露铜过长。

五、安装电动机

控制电路板必须安装在能看见电动机的地方，确保操作安全。安装电动机并

完成电源、电动机和按钮的保护接地线。

六、检查安装质量

安装完毕的控制电路板，必须经过认真检查后，才能通电试车。检查步骤：一是按电气原理图从电源端开始，逐段核对接线及线号，重点检查电路有无漏接、错接，以及同一导线两端线号是否一致；二是检查接线端子上所有接线压接是否牢固，接触是否良好，不允许有松动、脱落现象；三是在不通电情况下，用手动来模拟电器的操作动作，用万用表测量线路的通断情况；四是选用500V的兆欧表检查电动机的绝缘电阻，要求不小于0.5MΩ。

七、通电试车

试车前要做好准备工作，一般要清点工具及材料，检查熔断器的熔体是否符合要求，分断各开关，使按钮处于未通电状态，检查三相电源电压是否正常，然后接上电动机通电试车，实现卧式镗床反接制动控制功能。

【卧式镗床反接制动控制电路常见故障及处理方法】

卧式镗床反接制动控制电路故障一般处理方法如下。

1. 故障点的确定

异步电动机反接制动控制电路主电路故障主要表现为正转缺相，反接制动缺相，正转及反接制动均缺相。控制电路故障主要表现为电动机无法启动，正转不能启动及无反接制动等。

1）正转缺相

（1）故障分析。正转缺相，说明电动机和三相电源正常，故障点主要在KM1主触点及两端连线U12、V12、W12、U13、V13、W13，如图10-1所示。

（2）故障检查。用万用表电阻挡检查交流接触器KM1触点两端连线有无断线，KM1主触点有无接触不良或烧断。

2）反接制动缺相

（1）故障分析。反接制动的接触器KM2三相主触点中串联了电阻R，故障点除了 KM2 触点接触不良或损坏、连接导线松脱或断线，电阻 R 损坏也将形成缺相。

（2）故障检查。用万用表电阻挡测量制动电阻的电阻值，并检查连接导线及 KM2 主触点接触是否良好。

3）正转及反接制动均缺相

（1）故障分析。正、反转均缺相，故障范围主要是电动机绕组断开、电源缺相、熔断器 FU1 熔芯烧断、热继电器 FR 热元件烧断、主电路连接线松脱或断线。

（2）故障检查。断开电源，将接到接线端子上的 U、V、W 电动机线拆下。闭合电源，按下 SB1 使 KM1 闭合，如图 10-1 所示。用万用表交流电压 500V 挡测量接线端子上的电压，如果电压不正常，则再测量 FR 上 U、V、W 的线电压，FU1 两端之间的线电压，检查所有连接导线的接线。如果接线端子上的 U、V、W 电压正常，则用万用表电阻挡测量电动机三相绕组是否断路。

4）电动机不能启动

（1）故障分析。电动机正转不能启动，故障范围为熔断器 FU2 熔芯烧断，热继电器 FR 常闭触点断开，SB1 按钮常开触点损坏，SB2 按钮常闭触点断开，接触器 KM2 辅助常闭触点损坏，或 1 号、2 号、3 号、4 号、5 号、0 号连接线松脱或断线。

（2）故障检查。用万用表电阻挡测量熔断器 FU2 熔芯、FR 常闭触点、按钮 SB2 常闭触点、按钮 SB1 常开触点、KM2 常闭触点及连线是否松脱或断线。

5）无反接制动

（1）故障分析。复合按钮 SB2 动合触点烧坏和接触不良，及两端连线 2 号与 6 号线断线，速度继电器 KS 触点损坏及两端连线 6 号与 7 号线断线，KM1 常闭触点断开及两端连线 7 号与 8 号线断线，KM2 线圈断开或有故障均会造成无反接制动。

（2）故障检查。用万用表交流电压 500V 挡量程，首先根据 1 号线对 8 号线与 7 号线的测量电压观察 KM2 线圈及 KM1 常闭触点好坏。若 8 号线无电压，则 KM2 线圈断开；若 7 号线无电压，则 KM1 常闭触点坏。按下按钮 SB1，KM1 闭合，电动机正转运行，此时速度继电器 KS 触点 6 号与 7 号应接通。再次根据 1 号线对 6 号线的测量电压观察 KS 触点是否损坏或 7 号线是否断线。若无电压，说明 KS 触点损坏或 7 号线不通；若测得电压为 380V，说明 KS 触点闭合良好。断开电源，用万用表电阻挡测量 SB2 常开触点及两端连线 2 号线与 6 号线是否良好。

2. 排除故障

要用正确方法对故障点进行排除。

（1）属于元器件接触不良或损坏的，予以修理或更换（包括部件或整件）。更换时要注意所换器件的型号、规格与原器件一致。

（2）连接导线接触不良或断线，则予以紧固或更换导线。

任务十一

能耗制动控制电路的安装与检修

📖 **学习目标**

1. 能对整流器进行识别与检测；

2. 能独立分析能耗制动控制电路工作原理；

3. 能正确安装、调试能耗制动控制电路；

4. 能根据能耗制动控制电路检修流程独立检修相关故障。

💡 **建议学时**

6 学时：理论 **3** 学时，实训 **3** 学时

🖊 **学习任务**

本次工作任务是为企业检修一台磨床上能耗制动控制电动机的电路，使磨床能耗制动控制电动机实现以下功能：KM1 通电并自锁，电动机 M 已单向正常运行后，若要停机，将停止按钮 SB2 按到底，SB2 的一组常闭触点断开，交流接触器 KM1 线圈断电释放，KM1 辅助常开触点断开，解除自锁，KM1 三相

主触点断开,电动机失电处于自由停车状态;同时 SB1 的另一组常开触点闭合,交流接触器 KM2 和得电延时时间继电器 KT 线圈同时得电吸合,KM2 辅助常开触点闭合,接通通入电动机绕组内的直流电源,电动机在直流电源的作用下产生静止制动磁场使电动机快速停止下来。经 KT 一段延时后,KT 得电延时断开的常闭触点断开,自动切断制动控制回路电源,KT、KM2 线圈断电释放,KT 动合常开触点、KM2 辅助常开触点断开,KM2 三相主触点断开,切断通入电动机绕组内的直流制动电源,电动机制动过程结束。按照电气原理图安装并调试。磨床能耗制动控制电路图如图 11-1 所示。

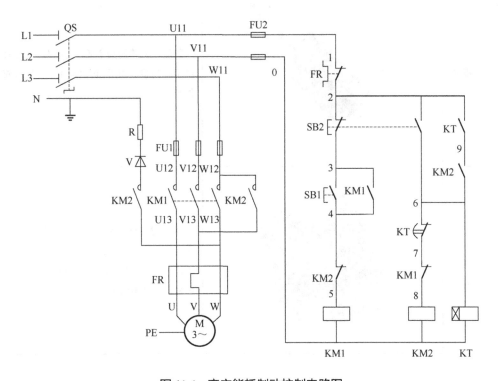

图 11-1　磨床能耗制动控制电路图

🔬 知识准备

一、整流器

整流器（Rectifier）是把交流电转换成直流电的装置，可用于供电装置及侦测无线电信号等。

　　整流二极管可用锗或硅等半导体材料制造。硅整流二极管的击穿电压高，反向漏电流小，高温性能良好，整流二极管主要用于各种低频整流电路。

　　常用整流器有整流二极管、硅整流器等。整流器外形及用途如表 11-1 所示，二极管结构图及电气符号如表 11-2 所示。

表 11-1　整流器外形及用途

名　　称	外　　形	用　　途
整流二极管		整流二极管的频率低，电流大，可以在电源中起到整流作用，可以起到电源防反接的作用
硅整流器		常用的半导体整流器有硅整流器和硒整流器，产品规格很多，电压从几十伏到几千伏，电流从几安到几千安。整流器广泛用于各种形式的整流电源

表 11-2　二极管结构图及电气符号

结　构　图	电　气　符　号
PN结　P区　N区	◁⊢

二、能耗制动

能耗制动是指三相异步电动机切断交流电源后，立即在定子绕组的任意两相中通入直流电，利用转子感应电流受静止磁场的作用产生制动转矩，使电动机制动停车（见图 11-2）。

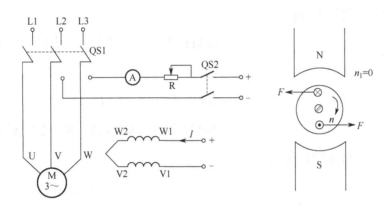

图 11-2　能耗制动原理

三、能耗制动控制电路工作原理

磨床能耗制动控制电动机电路实际就是能耗制动控制电路。由图 11-1 可见，能耗制动控制电路一般是由三相电源 L1、L2、L3，组合开关 QS，熔断器 FU1、FU2，一个热继电器 FR、两个接触器 KM1、KM2，延时时间继电器 KT，启动按钮 SB1，停止及制动按钮 SB2 和三相交流异步电动机 M 构成的。从主电路中可以看出，这两个接触器的主触点所接通的电源不同，KM1 按 L1—L2—L3 相序接线，KM2 将二相定子接入直流电源。相应的控制电路有两条，一条是由 SB1和 KM1 线圈等组成的电机运行控制电路；另一条是由 SB2 和 KM2 线圈等组成的制动控制电路。电路中的 KM1 和 KM2 线圈辅助触点分别串接在对方电路中实现联锁，熔断器作为短路保护。

工作原理如下。

先合上电源开关 QS。

单向启动运行：按下 SB1→KM1 线圈得电→KM1（7—8）分断，对 KM2 联锁

　　　　　　　→KM1（3—4）闭合自锁

　　　　　　　→KM1 主触点闭合→电动机 M 启动运转。

能耗制动停转：按下按钮 SB2→SB2（2—3）先分断→KM1 线圈失电→KM1（3—4）分断，解除自锁

　　　　　　　　→KM1 主触点分断→电动机 M 失电并惯性运转

　　　　　　　　→KM1（7—8）闭合

　　　　　　　　→SB2（2—6）后闭合→KM2 线圈得电→KM2（4—5）分断，对 KM1 联锁

　　　　　　　　　　→KM2（6—9）闭合自锁

　　　　　　　　　　→KM2 主触点闭合

　　　　　　　　　　→电动机 M 接入直流电能耗制动

　　　　　　　　　　→KT 线圈得电→KT（2—9）瞬时闭合自锁

　　　　　　　　　　　→KT（6—7）延时后分断→KM2 线圈失电

　　　　　　　　　　　→KM2（6—9）分断→KT 线圈失电→KT 触点瞬时复位

　　　　　　　　　　　→KM2 主触点分断→电动机 M 切断直流电源并停转，能耗制动结束

　　　　　　　　　　→KM2（4—5）恢复闭合。

　　由以上分析可知，只要调整好时间继电器 KT 触点动作时间，能耗制动过程就能够准确可靠地完成制动控制使电动机停止运行。

能耗制动控制电路原理讲解

🚌 计划与实施

一、识读能耗制动控制电路

要完成能耗制动控制电路的安装与调试，必须正确识读能耗制动控制电路，理解能耗制动控制电路工作原理。

二、准备元器件和耗材

根据电动机的规格选择工具、仪表和器材，并进行质量检验。

三、安装元器件

在控制板上合理设计元器件布局图，安装电气元件。元件安装应牢固、整齐、匀称、间距合理。

四、布线

按照电气控制原理图或接线图布线，要求横平竖直、分布均匀。导线与接线端子连线时不能压绝缘层、不能反圈且不能露铜过长。

五、安装电动机

控制电路板必须安装在能看见电动机的地方，确保操作安全。安装电动机并完成电源、电动机和按钮的保护接地线。

六、检查安装质量

安装完毕的控制电路板，必须经过认真检查后，才能通电试车。检查步骤：一是按电气原理图从电源端开始，逐段核对接线及线号，重点检查电路有无漏接、错接，以及同一导线两端线号是否一致；二是检查接线端子上所有接线压接是否牢固，接触是否良好，不允许有松动、脱落现象；三是在不通电情况下，用手动来模拟电器的操作动作，用万用表测量线路的通断情况；四是选用500V的兆欧表检查电动机的绝缘电阻，要求不小于0.5MΩ。

七、通电试车

试车前要做好准备工作，一般要清点工具及材料，检查熔断器的熔体是否符合要求，分断各开关，使按钮处于未通电状态，检查三相电源电压是否正常，然后接上电动机通电试车，实现能耗制动控制功能。

【能耗制动控制电路常见故障及处理方法】

例：以图 11-1 为例。

故障现象：能耗制动控制电路正常运行时，一按停车按钮 SB2，不能迅速而准确地停车。

分析：电动机不能在某一段时间内迅速而准确地停车，说明没把电动机运行时产生的能量消耗完，时间继电器延时时间过短。

处理：将时间继电器的延时时间适当加长（如原本是 0.5s 调到 1s），使电动机在某一段时间内能迅速而准确地停车。

任务十二

多速异步电动机控制电路的安装与检修

📖 **学习目标**

1. 能独立分析多速异步电动机控制电路工作原理；

2. 能正确安装、调试多速异步电动机控制电路；

3. 能根据多速异步电动机控制电路检修流程独立检修相关故障。

💡 **建议学时**

6 学时：理论 **3** 学时，实训 **3** 学时

✏️ **学习任务**

本次工作任务是按工件直径的大小和粗磨或精磨要求不同对工件进行加工，加工工件的头架要能调速，也就是头架上的头架电动机需要多速，多速异步电动机实现以下功能：M 是双速异步电动机，由按钮 SB1 和 SB2 及接触器 KM1、KM2 和 KM3 控制，实现双重联锁的低速（△）、高速（YY）转换控制。按照电气原理图安装并调试。多速异步电动机控制电路图如图 12-1 所示。

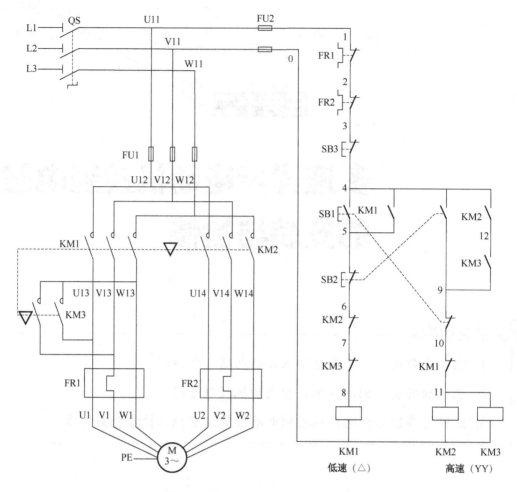

图 12-1　多速异步电动机控制电路图

🔬 知识准备

一、双速异步电动机的知识

三相异步电动机的转速公式为

$$n = (1-s)\frac{60f_1}{p}$$

改变异步电动机转速可通过三种方法来实现：

（1）改变电源频率 f_1；

（2）改变转差率 s；

（3）改变磁极对数 p。

改变异步电动机的磁极对数调速称为变极调速。变极调速是通过改变定子绕组的连接方式来实现的，属于有级调速，且只适用于笼型异步电动机。磁极对数可改变的电动机称为多速电动机。常见的多速电动机有双速、三速、四速等几种类型。

双速异步电动机定子绕组的△/YY 连接如图 12-2 所示。

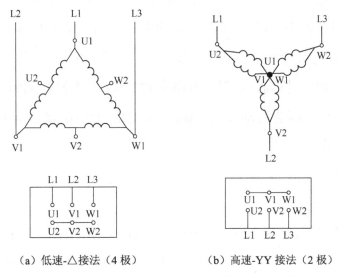

（a）低速-△接法（4 极）　　（b）高速-YY 接法（2 极）

图 12-2　双速异步电动机定子绕组的△/YY 连接

三相定子绕组接成△连接，由三个连接点引出三个出线端 U1、V1、W1，从每相绕组的中点各引出一个出线端 U2、V2、W2，这样定子绕组共有 6 个出线端。通过改变这 6 个出线端与电源的连接方式，可以得到两种不同的转速。

电动机低速工作时，把三相电源分别接在出线端 U1、V1、W1 上，另外三个出线端 U2、V2、W2 空着不接，此时电动机定子绕组接成△连接，磁极为 4极，同步转速为 1500r/min。

电动机高速工作时，把三个出线端 U1、V1、W1 并接在一起，三相电源分别接到另外三个出线端 U2、V2、W2 上，这时电动机定子绕组成 YY 连接，磁极为 2 极，同步转速为 3000r/min。可见，双速异步电动机高速运转时的转速是低速运转转速的两倍。

二、多速异步电动机控制电路工作原理

多速异步电动机控制电路图如图 12-1 所示，多速异步电动机控制电路一般是由三相电源 L1、L2、L3，组合开关 QS，熔断器 FU1、FU2，两个热继电器 FR1、FR2，三个接触器 KM1、KM2、KM3，低速启动按钮 SB1，高速启动按钮 SB2，停止按钮 SB3 和双速异步电动机 M 构成的。从主电路中可以看出，这三个接触器的主触点所接通的电源相序不同，KM1 按 L1—L2—L3 相序接线，KM2 也按 L1—L2—L3 相序接线，KM3 让电动机三个出线端 U1、V1、W1 并接在一起。相应的控制电路有两条，其中 SB1、KM1 控制电动机低速运转；而 SB2、KM2、KM3 控制电动机高速运转。电路中的 KM1 和 KM2 线圈辅助触点以及低速启动按钮 SB1 和高速启动按钮 SB2 常闭触点分别串接在对方电路中实现联锁，熔断器作为短路保护。

工作原理如下。

先合上电源开关 QS。

△连接低速启动运行：按下 SB1→SB1 常闭触点先分断，对 KM2、KM3 联锁
　　　　　　　　→SB1 常开触点后闭合→KM1 线圈得电

　　　　　　　　　　　　　　→KM1 联锁触点分断，对 KM2、KM3 联锁

　　　　　　　　　　　　　　→KM1 自锁触点闭合自锁

　　　　　　　　　　　　　　→KM1 主触点闭合
　　　　　　　　　　　　　　→电动机 M 接成△连接低速启动运行

YY 连接高速启动运行：按下 SB2→SB2 常闭触点先分断→KM1 线圈失电→KM1 自锁触点分断，解除自锁

　　　　　　　　　　　　　　→KM1 联锁触点闭合

　　　　　　　　　　　　　　→KM1 主触点

分断

→SB2 常开触点后闭合→KM2、KM3 线

圈同时得电

→KM2、KM3 联

锁触点分断，对 KM1 联锁

→KM2、KM3 自

锁触点闭合自锁

→KM2、KM3 主

触点闭合

→电动机 M 接成

YY 连接高速启动运行 。

停转时，按下 SB3，接触器 KM1、KM2、KM3 线圈均断电，触点复位，电动机断电停止运行。

多速异步电动机控制电路原理讲解

🚌 计划与实施

一、识读多速异步电动机控制电路

要完成多速异步电动机控制电路的安装与调试，必须正确识读多速异步电动机控制电路，理解多速异步电动机控制电路工作原理。

二、准备元器件和耗材

根据电动机的规格选择工具、仪表和器材，并进行质量检验。

三、安装元器件

在控制板上合理设计元器件布局图，安装电气元件。元件安装应牢固、整齐、匀称、间距合理。

四、布线

按照电气控制原理图或接线图布线，要求横平竖直、分布均匀。导线与接线端子连线时不能压绝缘层、不能反圈且不能露铜过长。

五、安装电动机

控制电路板必须安装在能看见电动机的地方，确保操作安全。安装电动机并完成电源、电动机和按钮的保护接地线。

六、检查安装质量

安装完毕的控制电路板，必须经过认真检查后，才能通电试车。检查步骤：一是按电气原理图从电源端开始，逐段核对接线及线号，重点检查电路有无漏接、错接，以及同一导线两端线号是否一致；二是检查接线端子上所有接线压接是否牢固，接触是否良好，不允许有松动、脱落现象；三是在不通电情况下，用手动来模拟电器的操作动作，用万用表测量线路的通断情况；四是选用500V的兆欧表检查电动机的绝缘电阻，要求不小于 0.5MΩ。

七、通电试车

试车前要做好准备工作，一般要清点工具及材料，检查熔断器的熔体是否符合要求，分断各开关，使按钮处于未通电状态，检查三相电源电压是否正常，然后接上电动机通电试车，实现多速异步电动机控制功能。

【多速异步电动机控制电路常见故障及处理方法】

例：以图 12-3 为例，假设主电路 FU1 的 W11 到 W12 的保险管损坏。

先通电试验，观察故障现象：控制电路各元件工作正常，电动机运行不正常、启动时有嗡嗡的沉闷声。

判断故障部位：从故障现象看，是电动机缺相引起的，主要检查 FU1 保险管是否正常。

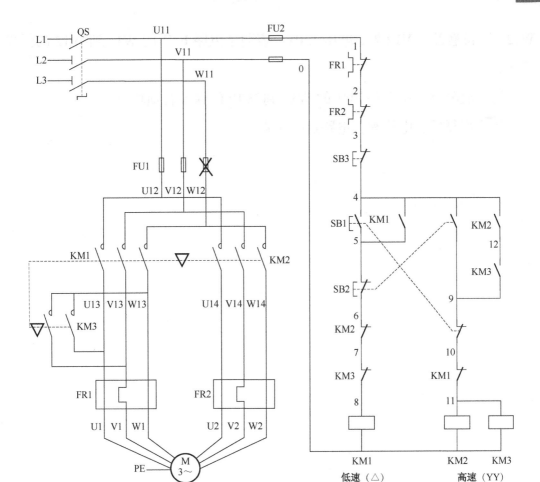

图 12-3 例图

故障点检查。

① 电阻法。

断电情况下，用万用表电阻 100Ω 挡，先检查主电路的电路。如图 12-3 所示，红表笔置于 U11，黑表笔置于 U12 处，电阻为零，表明此段保险管是好的；红表笔置于 V11，黑表笔置于 V12 处，电阻为零，表明此段保险管是好的；红表笔置于 W11，黑表笔置于 W12 处，电阻无穷大，表明此段保险管损坏。

② 电压法。

通电情况下，用万用表电压 500V 挡，先检查控制电路。如图 12-3 所示，红表笔置于 U12，黑表笔置于 V12 处，电压为 380V，表明主电路 FU1 的 U11 到 U12 的保险管和主电路 FU1 的 V11 到 V12 的保险管是好的；红表笔置于

W12，黑表笔置于 V12 处，电压为 0V，表明主电路 FU1 的 W11 到 W12 的保险管损坏。

记录故障点：主电路 FU1 的 W11 到 W12 的保险管损坏。

故障恢复后通电检查，电路运行正常。

反侵权盗版声明

　　电子工业出版社依法对本作品享有专有出版权。任何未经权利人书面许可，复制、销售或通过信息网络传播本作品的行为；歪曲、篡改、剽窃本作品的行为，均违反《中华人民共和国著作权法》，其行为人应承担相应的民事责任和行政责任，构成犯罪的，将被依法追究刑事责任。

　　为了维护市场秩序，保护权利人的合法权益，我社将依法查处和打击侵权盗版的单位和个人。欢迎社会各界人士积极举报侵权盗版行为，本社将奖励举报有功人员，并保证举报人的信息不被泄露。

举报电话：（010）88254396；（010）88258888

传　　真：（010）88254397

E-mail：dbqq@phei.com.cn

通信地址：北京市万寿路 173 信箱
　　　　　电子工业出版社总编办公室

邮　　编：100036